电脑建筑效果图制作入门

柳一心　编著

中国建材工业出版社

图书在版编目（CIP）数据

电脑建筑效果图制作入门/柳一心编著. —北京：中国建材工业出版社，2005.2（2014.8 重印）

ISBN 978-7-80159-784-1

Ⅰ.电...　Ⅱ.柳...　Ⅲ.建筑设计：计算机辅助设计　Ⅳ.TU201.4

中国版本图书馆 CIP 数据核字（2005）第 005675 号

电脑建筑效果图制作入门
柳一心　编著

出版发行：中国建材工业出版社
地　　址：北京市西城区车公庄大街 6 号
邮　　编：100044
经　　销：全国各地新华书店
印　　刷：北京鑫正大印刷有限公司
开　　本：787mm×1092mm　1/16
印　　张：13.25
字　　数：339 千字
版　　次：2005 年 4 月第一版
印　　次：2014 年 8 月第二次
定　　价：38.00 元

本社网址：www.jccbs.com.cn
本书如出现印装质量问题，由我社发行部负责调换。联系电话：（010）88386906

前　言

2000 年，人民邮电出版社出版了我编著的一本书，书名是《电脑建筑效果图特训教程》。由于那本书编写时间仓促加之本人水平有限，很多地方不尽如人意。但尽管如此，它还是得到了读者们的喜爱，书刚出版，销售一空，出乎我的预料。思其原因，大概是那本书既贴近了初学者，又有一定深度；系统地讲述了制作电脑建筑效果图方方面面的知识，使初学者一册在手，不用他求。这次出版的新书，将保持这些优点。另外，读者们提出了不少批评意见，我将认真地在新书中予以纠正。

今天，Photoshop 软件继 5.0 版本后，又推出了 6.0 版本、7.0 版本和刚刚推出的 Photoshop CS 版本。AutoCAD 由 14 版本发展到了 2005 版本，2005 年 3 月又推出了 AutoCAD 2006 英文版。3D Studio MAX 由 2.5 版本发展到了 7.0 版本。本书采用当前大家普遍使用的软件版本来讲述，并介绍了最新版软件的功能。

电脑建筑效果图是一种计算机可视化技术。可视化技术其实并非新鲜东西，我们在进行设计构思的时候，常常借助手绘草图、模型等来表现一种概念、想法或设计，从而使我们看到并未建成的建筑的视觉效果。我们通过可视化不断完善我们的设计作品。但传统的可视化手段有着很多的局限性。它带有太多人为因素，不能再现真实效果。计算机可视化技术给我们带来了革命性的可视化工具。利用它可制作出照片般的渲染效果；利用建筑动画，可使我们能动态地观察到将要建成的建筑；利用计算机可视化技术，我们就可更多地进行多方案比较和多角度考察；利用计算机可视化技术，建筑师才能更准确、更方便地将设计意图传达给客户认可。毫无疑问，建筑师掌握这一技术，对提高我们的建筑设计水平将大有益处。

编写本书虽然耗费了我不少精力，但如果对建筑师们的建筑设计有一点点益处，我将感到快慰。特别是当那些在高考中失利的同学，读了这本书学会了制作电脑建筑效果图，找到了理想工作的时候，我会有成功感。

编　　者

2005 年 4 月

于华南理工大学建筑学院

目　　录

第一章
电脑建筑效果图制作基本知识

1.1 怎样阅读本书

本书主要面向电脑建筑效果图制作初学者。初学者有两类：一类是建筑或装饰装潢设计专业的大中专学生或建筑设计人员；另一类是希望成为一名专业的电脑建筑效果图制作师的非建筑专业的大中专学生，或中学毕业生。对于第二类人士，读完了本书以后，你还应该学习建筑识图。看不懂建筑方案和施工图，要制作电脑建筑效果图是困难的。

在阅读本书前，你应对电脑的基本操作比较熟悉，会用 Windows 98，或 Windows NT，或 Windows 2000，或 Windows XP 操作系统。

本书的特点是利用大量的举例来讲解程序的功能。阅读本书的关键就是认真做书中的每个练习，且要循序渐进地反复做练习，以求熟练。因此，在阅读本书前，你必须先按照本章第三节的要求，准备好计算机等设备，并安装好所需要的软件。边阅读，边跟着做练习。

本书第一章主要讲图像处理方面的一些基本概念。第二章介绍 3ds max 软件的使用，并通过大量练习进一步加深基本概念的认识。第三章介绍 Photoshop 软件的使用，通过大量练习熟悉图像处理的基本技巧，并且列举了制作电脑建筑效果图常用的图像处理实例。第四章讲解如何很好地将 AutoCAD 和 3ds max 结合起来使用，并简要介绍用 AutoCAD 建模的方法。第一章至第四章主要是打基础。第五章通过几个较难的电脑建筑效果图制作实例的全过程讲解，使读者达到实战水平，并使读者遇到不同的情况时，懂得寻找解决问题的较好方法。第六章则主要讲述怎样利用电脑建筑效果图提高我们的建筑设计水平；这些内容还不够成熟，提出来供大家探讨。

读者可在http://www.adri.scut.edu.cn/yxliu，或 http://www.hgsj.cn/yxliu 网址，下载制作电脑建筑效果图所用资料。

1.2 制作电脑建筑效果图的步骤

对于建筑设计来说，电脑建筑效果图一般是用在建筑方案设计阶段；并且大多数是建筑师先构思好了方案，绘出方案草图，最后交电脑效果图制作人员制作。因此，一般来说，制作电脑建筑效果图的步骤是根据建筑图纸建模、赋材质、设置灯光、渲染和后期图像处理，最后将图像打印输出。但如果是一名建筑师，想把这里讲到的一些电脑可视化技术直接应用到建筑方案设计中，就不必拘泥于步骤。你可以灵活运用其中的内容，而不一定非要制作出一张漂亮的图片。

一、建模

制作电脑建筑效果图的第一步是根据建筑师提供的草图或方案图建模。

所谓建模，一般是指将建筑物的构件，如墙、楼板、梁、柱、楼梯等抽象成数学几何模型，如平面、方形、圆柱体、圆锥、棱型、曲面等，并将它输入电脑。因此，我们就必须能够看懂建筑图纸。建筑师一般是用 AutoCAD 等软件绘制建筑平面图、立面图和剖面图，这些图都是二维的。电脑效果图制作人员要么是将这些图通过一些技术转化为三维的模型，要么是根据这些图想象到建筑的三维空间是什么样，再用三维模型输入电脑。

建模的原则是精确、远粗近精和不见不建。

精确就是输入的三维模型要准确地反映建筑物的空间尺度，建筑物的细部构造也要精确体现。电脑效果图制作不是绘画，它的目的是使尚未建造的建筑物可视化，让人们看到建筑物将来建成后的真实效果。它必须真实地反映建筑师的设计意图。

远粗近精是指将离视点较远的模型简化些，将离视点较近的模型精确些。对于较远的物体，我们省略它的细部；对于较远又较小的物体，我们将它省略；对于较近的物体，我们尽量将它们的细部精确地给予描述。

不见不建是将被别的物体遮挡而使我们看不到的物体省略。在判定一个物体的远近及是否被别的物体遮挡的问题上，我们人类比现在的计算机要聪明多了，快多了。因为模型输入计算机后，要经过渲染才能得到图像；而渲染是一项非常复杂的数学运算工作，需要计算机运算比较长的时间。因此，我们就利用我们人脑的优势帮计算机减轻一点工作量。

通常建模的工作量最大。因此，在建模前就要了解，我们需要站在哪个位置向什么方向看的图像。这样，在建模的时候，就可以利用远粗近精和不见不建的原则来减少一些建模的工作量。

二、赋材质

光有几何模型而无材质是无法渲染的。因此，我们要指定几何模型的材质，如这个圆锥是混凝土，那个地面是用花岗岩等。不过这里的材质，指的是物体表面与观感有关的参数，如色彩、光反射特性等，而不关心不影响观感的参数。

模型和材质的界限其实并不分明，有些模型，甚至是非常复杂的模型，可以用材质来模拟。能用材质来模拟的绝不要用模型，这样既省了你的工夫也省了计算机的工夫。

赋材质需要有经验。它不像建模，可以根据建筑图纸将建筑转化为几何模型输入电脑，而只能根据对不同材料质感的理解和经验，输入材料的参数，并结合灯光的设置等方面的综合考虑，反复试验，才能模拟出材料的真实质感。

三、设置光源

没有光，世界就一团漆黑。因此，不布置光源再多模型也看不见。

当然，大部分程序都会有默认的材质和光源。那只是方便建模的，不可能是你所期望的结果。因此，我们必须设置我们自己的光源。这里的光源仅仅是为渲染时用于反射计算的，它不是一种会在渲染后的图像中可看到的物体。

四、渲染

　　模型建立了，材质、光源都设置好了，我们就可以选择地点架设摄像机，调好摄像机的角度，剩下的就该计算机辛苦了。所谓渲染就是计算机根据三维模型、材质和光源等信息进行大量的计算，生成视图图像。图像要求的分辨率越高，计算量越大；使用渲染的算法不同，计算量也会不同。

　　如果模型复杂，一般可先使用快速渲染，选择较小的分辨率。不满意，就去修改光源、材质等参数，再来渲染。满意了，再作精细渲染制作最后的图像。

　　3D Studio MAX 可生成 TIFF，JPG，BMP，AVI，MOV，PNG，RGB 等格式的图像文件。

五、图像处理

　　渲染完成后，接下来就用图像处理软件，加上背景、配景等图片。对不太满意的地方也可做些调整。这样，满意的效果图就制作出来了。可使用图像处理软件将图像打印出来。

1.3　如何选择软硬件设备

　　制作电脑建筑效果图需要哪些设备和软件呢？

　　软件方面，目前大多数都是使用 AutoCAD，3D Studio MAX 或 3D Studio VIZ 和 Photoshop。本书也正是围绕 3D Studio MAX 5 版本以上、AutoCAD R14 版本以上、Photoshop 6.0 版本以上这三个软件来讲述的。请阅读本书以前，准备好这三个软件。

　　硬件方面，则必须要有一台尽量强一些的电脑。下面根据目前情况，给读者一个建议。

一、计算机的选择

　　因为模型输入、渲染和图像处理都对计算机的要求较高，因此，在资金允许的情况下，建议尽量购买强一些的电脑。

　　计算机的最低配置如下：

CPU　　　　Pentium 以上
内存　　　　128 MB 以上
显示器　　　支持 1024×768 以上分辨率的彩显
显示卡　　　支持 1024×768 以上分辨率、24 位真彩色
硬盘　　　　6GB 以上

上述最低配置的电脑，基本可满足学习的要求。

　　计算机的建议配置如下：

CPU　　　　Pentium Ⅱ 300 以上
内存　　　　256 MB 以上
显示器　　　17 英寸以上彩显，并支持 1024×768 以上分辨率
显示卡　　　4MB 以上缓存，1024×768 以上分辨率，真彩色，带 OpenGL 图形加速

硬盘　　　　20GB 以上

计算机的理想配置如下：
CPU　　　　Pentium Ⅳ 1.8GHz 以上或双 CPU
内存　　　　1GB DDR 以上
显示器　　　支持 2048 × 1536 分辨率
显示卡　　　8MB 以上缓存，2048 × 1536 以上分辨率，真彩色，带 OpenGL 图形加速
硬盘　　　　120GB 以上

二、软件的选择

首先当然得有操作系统。我们一般使用 Windows 98，或 Windows NT，或 Windows 2000，或 Windows XP 操作系统。到底选择什么样的操作系统呢？如果你的计算机内存在 256MB 以上，建议选择 Windows XP 操作系统。Windows 98 操作系统不能使用双 CPU，且稳定性也较差。而 Windows NT 或 Windows 2000 操作系统虽然稳定性较好，但使用起来麻烦一点。Windows XP 操作系统则更加稳定、更加快捷，使用也更加简单。当然，若你的计算机仅能达到上面所述的最低配置要求，则你还是使用 Windows 98。

用来建模和渲染的软件主要有：AutoCAD，MicroStation，3D Studio MAX，3D Studio VIZ，LightScape，AccuRender，RenderStar，Maya，SoftImage 等。

AutoCAD 是美国 AutoDesk 公司开发的主要用于绘制二维图的软件。AutoCAD 已被广泛应用于机械、化工、电子、土木建筑、服装设计等行业中。目前的最高版本为 AutoCAD2006 版。AutoCAD 2005 版本刚刚推出，2005 年 3 月又推出了 AutoCAD 2006 英文版。但现在建筑行业普遍还是使用 AutoCAD 14 版。它的三维功能一般，但国内一些软件公司在 AutoCAD 上做了一些二次开发软件，如圆方、德赛、中凯、中望等系列装饰软件。使用这些软件来建模则会事半功倍。AutoCAD 2002 以上版本的三维功能有了较大增强，渲染功能也有了较大改进。但单用它来建模和渲染，功能还有待加强。

AutoCAD 14 版的图形文件（DWG 文件）与 AutoCAD 2000 以上版本的图形文件基本兼容。AutoCAD 2000 以上版本可以打开 AutoCAD 14 版的图形文件，也能将图形另存为 AutoCAD 14 版格式的图形文件。

MicroStation 的三维建模功能比 AutoCAD 强，且有与 MAX 相当的渲染功能，但目前在我国应用不广，二次开发软件较少。

3D Studio MAX（3ds max）是美国 AutoDesk 公司开发的主要用于动画设计的软件。它的建模和渲染功能都较强，全部建模工作都用它来完成也是可行的。3D Studio MAX 有一个专门针对建筑设计行业的版本 3D Studio VIZ，界面与 3D Studio MAX 几乎一样。它简化了一些设计行业不常用的动画功能，增加了一些建筑上的功能，如墙、门、窗，并且与 AutoCAD 结合更紧密。3D Studio MAX 目前的最高版本为 3D Studio MAX 7.0 版。3D Studio VIZ 目前的最高版本为 3D Studio VIZ 4.0 版。

3D Studio MAX 的建模功能较强，渲染速度很快，与 AutoCAD 及图像处理软件 Photoshop 结合良好。3D Studio MAX 3.0 以前的版本渲染出的图像质量一般，但 3D Studio VIZ 4.0 和 3D

Studio MAX 5.0 以上版本有了较大改进。由于它的综合性能及更适宜目前的微机，它在建筑效果图制作方面应用最广。

LightScape 等软件的渲染效果比 3D Studio MAX 3.0 以前的版本稍好些，但渲染速度慢一些，且建模功能不强。该软件的开发公司已被 AutoDesk 公司兼并，它的优秀之处已被吸收到 3D Studio VIZ 4.0 版本中。

Maya 和 SoftImage 的渲染效果很好，但渲染速度也最慢。若没有高档的计算机，还是选用 3D Studio MAX 较好。而且，本书不推荐用它们来制作电脑建筑效果图。

图像处理软件：Photoshop，PhotoStylus，CorelDraw 等。

此外，还应经常注意收集材质图库。本书主要以 AutoCAD 14 版、3D Studio MAX 5.0 版、Photoshop 6.0 版为例讲解，并将简要介绍 AutoCAD 2002 版、AutoCAD 2004 版、3D Studio MAX 6.0 版、Photoshop 7.0 版。

除 3D Studio MAX 和 3D Studio VIZ 暂时没有发行中文版外，AutoCAD 和 Photoshop 都已发行中文版。对于 3D Studio MAX 和 3D Studio VIZ 英文版，用户也能找到汉化工具软件将其用户界面汉化。

软件的安装，总结起来不外乎以下几种方式：

（1）插入光盘，自动运行安装程序。

（2）运行 SETUP. EXE 或 INSTALL. EXE 安装程序。

（3）将文件复制到硬盘的某个目录。

另外，软件安装前，最好打开安装盘上的 README. TXT（DOC），INSTALL. TXT（DOC），SETUP. TXT（DOC）等文件看看，其中可能有安装方法的介绍。现在的软件大多用户界面友好（User Friendly）。启动安装程序，一步步按提示操作，很容易完成软件的安装。以下不再对软件的安装作详细介绍了。

三、外设的选择

制作电脑建筑效果图常用的外设有：

（一）输入设备

常用的输入设备有扫描仪、数码相机等，供制作材质库，扫描背景图片。

现在的扫描仪性能越来越强，价格也越来越低。以前的扫描仪一般是使用 SCSI 接口，现在使用 USB 接口的扫描仪越来越多。USB 接口的速度也提高了很多，USB 2.0 接口传输速度达到 480Mbps。USB 接口的扫描仪安装和使用更方便。SCSI 接口和 1394 接口一般用于较高档的扫描仪。一般电脑不带 SCSI 接口和 1394 接口，需要另加 SCSI 卡和 1394 卡。扫描仪除了可以将照片输入电脑外，有的还可以扫描幻灯片和照片底片。扫描仪的分辨率达到 600dpi（每英寸点数）以上，色彩深度达到 48 位真彩色一般就可以满足要求了。

最近几年数码相机发展很快。使用数码相机拍摄用于背景和配景的照片，可将照片直接输入电脑，而不再用扫描仪扫描了。

（二）输出设备

常用的输出设备有彩色打印机或彩色绘图机。

如果用来购买设备的资金不是很多，扫描仪和彩色打印机都非必需。因为质量很好的价格昂贵，质量一般的，用起来又不甘心，且也不是天天要用。不如去专门的输出中心，费用小，服务又好，且专业制作的效果也好。

以上的配置建议是根据本书写作时的行情提出的，随着时间的推移，以上的配置建议也许不合时宜了。

1.4　计算机图像的基本概念

一、数字图像

我们制作电脑效果图，从输入物体的三维数学模型开始，经过渲染生成图像，加工处理图像，最终得到的是数字图像。我们可将数字图像保存或在显示屏上显示，也可以将它打印出来。

数字图像分为两类，即向量图像和点阵图像。如，CorelDraw 等软件是使用向量式图像，而 Photoshop 等软件是使用点阵式图像。

向量式图像，是以向量作为操作和存储的对象的。如线条是由起始点和方向来确定，从而图像的缩放不会影响向量式图像的精确度。但现实世界中，更多的是不规则与模糊的图案，向量式图像难以表达。而且，由于进行图像处理时，必须通过向量运算，使得运算复杂，处理速度慢。

点阵式图像，是以"点"作为操作和存储的对象的。这里的"点"也就是所谓像素（pixel）。所有图像都由点阵组成。如直线是以该直线上的若干点组成。那么组成同样图像的点数越多，图像就越精确。因此，图像的缩放将会影响点阵式图像的精确度。我们在图像处理过程中，不要将图像缩小后又放大，那样将导致图像的精度降低。图像的精确度要求越高，信息量就越大。

二、分辨率

分辨率是指单位距离内的像素数（pixels）或点数。它决定图像的清晰度。分辨率的单位基本上有两种：pixels per inch（ppi）每英寸像素数和 dots per inch（dpi）每英寸点数。每英寸像素数一般用于显示屏等设备，每英寸点数多用于输出和扫描设备。

点阵式图像文件也有分辨率的概念。图像输出到具体设备上后的清晰度取决于图像文件本身的分辨率和该输出设备的分辨率，但显示设备的分辨率不影响打印设备的分辨率。

分辨率一样的图像文件输出到同样分辨率的设备上时，尺寸越大，打印出来的质量越差。我们在制作效果图时，需要根据所要求的图像尺寸来决定选择像素的多少。选择像素越多，则输出的图片效果越佳，但渲染的时间也越长。通常我们按要求图像尺寸每厘米 100 点左右来选择，基本可满足要求。如要输出很大尺寸的图像，可使用专门的打印软件提高输出质量。

三、图像文件格式

当我们将输入的物体三维模型渲染后，必须将图像保存在硬盘等存储设备上。保存图像的文件格式有很多种，不同的图像处理软件所支持的文件格式也有所不同。我们在选用图像文件格式时，需要考虑选用的软件是否支持。不同的图像文件格式有不同的适用范围和优缺点。因此，我们应了解常用的图像文件格式，根据需要选择适合的文件格式保存图像。一般每种图像文件格式都有不同的文件扩展名，因此通常我们根据扩展名就可判断出图像文件的格式。

（一）PSD、PDD 格式（文件扩展名为 PSD 或 PDD）

这是 ADOBE 公司开发的图像处理软件 Photoshop 中自建的标准文件格式。在该软件所支持的各种格式中，其存取速度比其他格式快很多。由于 Photoshop 软件越来越广泛地应用，所以这个格式也逐步流行起来。

这种图像文件格式是唯一可以全面保存图层、蒙板通道、路径等信息的格式，当转存成其他格式时，将丢失其不支持的数据。但由于该格式保存的信息最多，其图像文件相对使用其他格式要大得多。

（二）BMP 位图格式（文件扩展名为 BMP）

它是用于 Windows 和 OS/2 的位图（Bitmap）格式，文件几乎不压缩，占用磁盘空间较大。它的颜色存储格式有 1 位、4 位、8 位及 24 位，最大支持 1670 万种颜色。开发 Windows 环境下的软件时，BMP 格式是最不容易出问题的格式，并且 DOS、OS/2 与 Windows 等环境下的多种图像处理软件都支持该格式。因此，该格式在当今应用比较广泛。

（三）GIF 格式（文件扩展名为 GIF）

这种格式是由 COMPUSERVER 公司设计的，GIF 是 GRAPHICS INTERCHANGE FORMAT 的缩写，分为 87a 及 89a 两种版本。它的颜色存储格式由 1 位到 8 位。GIF 格式是经过压缩的格式，磁盘空间占用较少。由于它是制作 2D 动画软件 Animator 早期支持的文件格式，所以该格式曾被广泛使用。但由于 8 位存储格式的限制，使其不能存储超过 256 色的图像。虽然如此，该图形格式却在 Internet 上被广泛地应用。原因主要是：256 种颜色已经能满足 Internet 上的主页图形需要；该格式生成的文件比较小，适合像 Internet 这样的网络环境传输和使用。

（四）JPEG 格式（文件扩展名为 JPG）

它是按 Joint Photographic Experts Group 联合图片专家组制定的压缩标准产生的压缩格式。它是采用有损失的压缩方案，可以根据不同图片质量要求，选择不同的压缩比例对图像文件压缩。其压缩技术十分先进，对图像质量影响不大，因此可以用最少的磁盘空间得到较好的图像质量。由于它优异的性能，应用非常广泛。而在 Internet 上，它更是主流图形格式，也是制作电脑建筑效果图最常用的图像格式。

（五）TIFF 格式（文件扩展名为 TIF）

TIFF 是 Tag Image File Format 标签图像格式的缩写。它使用的是无损失的压缩方案。在 Photoshop 5.0 中，TIFF 格式最多可支持 24 个通道。通道的概念在第三章有详细讲解。

由于 3DS 等渲染软件支持 TIFF 格式及 TIFF 格式的特性，尤其是它在压缩时绝不影响图像像素，该格式多被用于存储一些色彩绚丽的贴图文件。

（六）TGA 格式（文件扩展名为 TGA）

TGA 格式是由 True Vision 设计的图像格式。它支持 32 位图像，其中包括了一个 8 位 Alpha通道。它是制作电脑建筑效果图常用的图像格式。

(七) EPS 格式（文件扩展名为 EPS）

EPS 格式是专门为存储向量图形而设计的一种格式。这种格式是 POST SCRIPT 设备所用的格式，用于排版、打印等输出工作。它是 PC 机用户较少见的一种格式，而苹果 Mac 机的用户则用得较多。

但是，EPS 格式除了在 POST SCRIPT 设备上打印比较可靠外，它存在许多缺陷。首先，EPS 格式存储图像的效率特别低；其次，EPS 格式的压缩方案也是比较差的，一般同样的图像经 TIFF 的 LZW 压缩后，要比 EPS 格式的图像小 3 到 4 倍。

(八) PCX 格式（文件扩展名为 PCX）

PCX 格式是 ZSOFT 公司在开发图像处理软件 Paintbrush 时开发的一种格式。它的颜色存储格式从 1 位到 24 位，最大支持 1670 万种颜色。它是经过压缩的格式，占用磁盘空间较少。由于该格式出现的时间较长，并且具有压缩及全彩色的能力，所以 PCX 格式现在仍是十分流行的格式。

第二章

3D Studio MAX 的使用

　　3ds max 是个人计算机上的优秀三维动画制作软件，目前的最新版本是 3ds max 7.0。该软件的名称有多种说法，如 3D Studio MAX，3DS MAX，3ds max 和 MAX 都是指这个软件。3D Studio VIZ 的最新版本为 AutoDesk VIZ 4。它们的功能和使用差别不大。

2.1　3D Studio MAX 的用户界面

　　双击桌面上的 3ds max 的图标，或单击左下角开始按钮，再选择"程序"，再选择"discreet"，再选择"3ds max 5"，再选择"3ds max 5"，都可启动 3ds max 5。单击软件视窗右上角最大化功能按钮，以全屏方式显示（如图 2.1.1 所示）。

　　3ds max 的界面分为下拉菜单、工具条、命令面板、视图区等区域，如图 2.1.1 所示。以下将对下拉菜单、工具条、命令面板、视图区做简要介绍。

一、下拉菜单

　　3ds max 界面（图 2.1.1）顶部为下拉菜单。现将各菜单的功能简介如下。

（一）File 文件菜单

1. New 新建

其功能是在不改变当前系统配置的情况下清除当前视区中的所有内容，并打开一个新的场景。

2. Reset 重置

其功能是清除当前视区中的所有内容，并将参数设置为默认状态。默认状态保存在 maxstart.max 文件中。

3. Open 打开文件

其功能是打开一个已经存在的 3D Studio MAX 场景文件。该项功能有一个快捷键：Ctrl + O。

选择这项命令后，可以通过一个典型的 Windows 打开文件对话框来寻找所要的文件。在 3D Studio MAX 2.X 版中可以打开1.X 版式文件，但并不强制对其进行格式转换。

4. Save 保存

其功能是将目前编辑的场景以文件形式存入磁盘。如果这个文件是第一次被存储，会出现一个对话框要求你取一个文件名才能存盘。这个指令有个快捷键：Ctrl + S。

5. Save as 以另一文件保存

其功能是将目前编辑的场景以其他文件名存储。

下拉菜单　　　　工具条

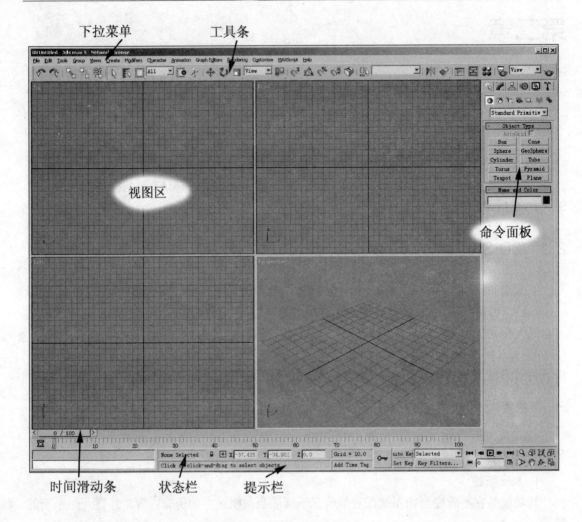

视图区

命令面板

时间滑动条　　　状态栏　　　提示栏

图 2.1.1

6．Save selected 保存所选择的对象

其功能是将目前编辑的场景中选择的对象以文件形式存入磁盘。所选择的对象可以是一个对象，也可以是多个对象。

7．Merge 合并

其功能是可以将 3D Studio MAX 几个不同的场景合并成为一个更大的场景。执行该项命令时，可以将不同场景文件中的对象合并到当前打开的场景中来。在 3D Studio MAX 2.X 版中同样可以合并 1.X 版所创造的场景，但并不强制对其进行格式的转换。

8．Replace 替换

其功能是将另一文件中的一个或多个对象分别替换当前场景中与之同名的一个或多个对象。在执行该项命令时，要求替换的对象与被替换的对象的名字相同才能被替换。

9．Merge Animation 插入轨迹

其功能是可以在当前场景中输入其他场景中一段动画来替换当前场景中的轨迹控制。执行该项指令，可以插入动画轨迹到选定的对象、组或层次中，但是所有要替换的动画轨迹与

10

被替换的应该有着相同的层次分支，否则替换工作将不会成功。

10. Import 输入

其功能是将非 3D Studio MAX 文件数据输入到 3D Studio MAX 中。可以输入的文件有：

3DS——3D Studio Mesh 是由 DOS 版 3DS 4 或 AutoCAD 等软件建立的网格文件；

PRJ——3D Studio Mesh 是由 DOS 版 3DS 4 建立的工程文件；

AI——Adobe Illustrator 是由 Adobe 公司的著名图形处理软件 Illustrator 建立的矢量化图形文件；

DWG——AutoCAD 图形文件；

DXF——由 AutoCAD 各版本所建立的图形数据交换文件；

SHP——3D Studio Shape 由 DOS 版 3DS 4 建立的造型文件；

WRL，WRZ——VRML 文件。VRML 是 Virtual Reality Modeling Language 的缩写，即虚拟现实造型语言。用于描述虚拟现实世界的一种语言格式；

STL——Stereo Lithography 是由 Stereo Lithography 建立的文件。

11．Export 输出

其功能是将 3D Studio MAX 文件输出成非 3D Studio MAX 文件。可以输出的文件有 3DS，STL，DXF，WRL（VRML 2.0）和 DWG。

3DS——3D Studio Mesh 是由 DOS 版 3DS 4 或 AutoCAD 等软件建立的网格文件；

ASE——ASCII Scene Export 即 ASCII 文本文件。ASCII 即 American Standard Code for Information Interchange 的缩写，即美国信息交换码。ASCII 码文件即我们常说的文本文件；

DWG——AutoCAD 图形文件；

DXF——由 AutoCAD 各版本所建立的图形数据交换文件；

STL——Stereo Lithography 是由 Stereo Lithography 建立的文件；

WRL——VRML2.0 文件。VRML 是 Virtual Reality Modeling Language 的缩写，即虚拟现实造型语言。用于描述虚拟现实世界的一种语言格式。

12．Export Selected 输出选定的物体

将选定的物体输出为 3DS，AI，DXF 等文件。

13．Archive 压缩存盘

其功能是将当前编辑的场景直接压缩成 ZIP 或 TXT 格式文件存盘。ZIP 是一种压缩文件格式。

14．Summary Info 摘要信息

其功能是显示当前场景中的各种统计数据，如场景中物体对象个数、灯光个数、摄像机个数、网格面个数等。

15．View Image File 观看图像文件

其功能是显示各种图形文件和动画文件，类似一个图像观察器。

16．Exit 退出

退出 3D Studio MAX 程序。

在 File 文件菜单下还有一些历史文件记录，将会记录最近 5 次编辑过的文件名，便于用

户快速打开。

（二）Edit 编辑菜单

1．Undo 撤消

其功能是撤消最后一步操作指令。它有一个快捷键 Ctrl ＋ Z。

2．Redo 重做

其功能是重做最后一步被撤消的操作指令。它有一个快捷键 Ctrl ＋ A。

3．Hold 暂时保存

其功能是将目前的场景保存到一个缓冲区中，以便以后取出。该菜单与下面的 Fetch 菜单配合使用，实际上与 Undo 菜单的功能类似。因 Undo 可撤消的步数有限，当预计很多步操作后，可能要回到当前状态，就将当前场景暂时保存起来。

4．Fetch 取出

其功能是将暂存的场景重新装入。暂存的场景是由 Hold 命令存入缓冲区中的。

5．Delete 删除

其功能是将当前场景中所选定的对象删除。

6．Clone 复制

其功能是为场景中选定的对象创建一个拷贝（Copy）、实例（Instance）和引用（Reference）。

7．Select All 全选

其功能是将场景中的所有对象全部选取。

8．Select None 全不选

其功能是撤消已经选取的全部对象。

9．Select Invert 反选

在场景中选取了若干对象后，如果要选择除被选对象以外的其他对象，可以使用这个命令。

10．Select by 根据……选择

在这个命令下有两个子选项，分别是 Select by Color 和 Select by Name，即根据对象的颜色属性和名字来选择。

11．Region 区域

以鼠标拉出的任意方形区域来进行选择。它有两个选项，即 Window（窗口）和 Crossing（交叉）。如果选择了 Window，则用鼠标拉出一个方形区域，物体全部处在这个区域之中的才能被选上。如果选择了 Crossing，则用鼠标拉出一个方形区域，物体全部及局部在这个区域的都能选上，而不一定要求物体全部处在这个区域中。

12．Named Selection Sets 编辑已命名的选择集

其功能是编辑被选择对象的名字。

13．Object Properties 属性

其功能是可以让你观察并可以修改被选对象的属性。

（三）Tools 工具菜单

工具菜单各指令的功能是对各种对象的形状进行修改，它还包括了 Material Editor（材质

编辑器）指令。

1. Transform Type-In 用键盘输入变换坐标

其功能是可以通过键盘方式输入数值，以精确地对所选对象进行移位、旋转和按比例缩放等修改。

2. Display Floater 显示浮动显示控制对话框

其功能和命令面板 Display 相似。使用它能方便地控制场景在视图区的显示，如可以方便地隐藏一个指定对象。这个命令包含两方面的功能，一个是 Hide（隐藏），另一个是 Freeze（冻结）。即可以隐藏或显示某个指定的对象，也可以冻结或解冻某个指定的对象。选择这个菜单后，将会弹出一个对话框，你可以在制作场景过程中一直打开这个对话框，以便在制作过程中随时选择要隐藏或冻结的对象。

3. Selection Floater 显示浮动物体选择对话框

其功能是为了方便选择对象，建立一个选择物体的浮动对话框。

4. Mirror 镜像

其功能是将所选定的对象按所选定的轴（比如 X，Y 或 Z 轴）进行镜像操作。

5. Array 阵列

其功能是将选择的对象建立一个阵列。可进行圆形阵列和矩形阵列。

6. Align 对齐

其功能是将选定的对象与目标对象按 X，Y 或 Z 轴对齐。

7. Snapshot 快照复制

其功能是将一个动画中的物体实时复制下来，利用这个功能，你可以将一个正在动画过程中的某个物体在一瞬间的情况复制下来，并可以用来生成另外一个物体。

8. Normal Align 法向对齐

其功能是依据选定对象的法向来进行对齐。法向是指定义物体方向的矢量，法向的方向可以指示一个物体的向背。

9. Place Highlight 放置高亮区

其功能是设置物体的反光点，以使得光源可以自动设置到正确的位置上。

（四）Group 组菜单

组菜单中包含了成组与分离的各个指令，其作用是将物体分组。在复杂的场景中，将物体分组特别重要。若不分组，场景中都是彼此独立的对象，我们将很难区分它们，很难选择其中的物体来编辑和赋材质。这里的组是可嵌套的，即组中又可包含组。

1. Group 组

其功能是将选定的两个或两个以上对象合并成一个组，并将该组起一个名称。合并后的组将等同于一个一般的对象。

2. Ungroup 解除组

其功能是解除已成组的组。执行该项指令可以解除一个组，使其重新成为一个个彼此独立的对象，或者解除相关成组的组，使其成为一个个彼此独立的组。

3. Open 打开

其功能是打开组。一个组打开后，就可以在成组的情况下修改组中的某个对象。注意它

13

不同于下面的 Explode 菜单和 Ungroup 菜单。被打开的组仍是组，而被解除或炸开的组就已不是一个组了。

4．Close 关闭

其功能是关闭组。执行该项指令可以关闭 Open 指令暂时打开的组。

5．Attach 合并

其功能是将选定的物体加入到一个组中，与 Detach 指令刚好相反。

6．Detach 分离

其功能是将选定的对象从组中分离出来成为一个独立的对象。执行这个指令将会很方便地分离组中的任意指定物体。

7．Explode 炸开

其功能是炸开组，使其全部对象都成为一个个独立的个体。Explode 与 Ungroup 的区别在于，Explode 不仅解除该组，还将解除组成该组的所有子组；Ungroup 则仅解除该组，而不解除组成该组的所有子组。

（五）View 查看菜单

View 菜单包含了与设置和控制视口（View port）操作有关的各个指令。

1．Undo View Change 撤消

其功能是回到上一个显示状态，即撤消刚才所做的控制显示的操作。与 Edit/Undo 不同的是，这里的 Undo 仅与当前的视口操作有关，比如撤消观看角度旋转（Undo View Rotate）。它有一个快捷键 Shift + Z。

2．Redo View Change 重做

其功能是重做上一个被撤消的控制显示的操作。与 Edit/Redo 不同的是，这里的 Redo 仅与当前的视图操作有关，比如重做观看角度旋转。它有一快捷键 Shift + A。

3．Save Active View 保存当前激活的视图状态

其功能是保存当前激活的视图状态到一个缓冲区中，以便改变观察状态后再回到目前的状态下来。比如说保存当前透视图（Perspective）的状态。可以保存的视图有 8 种，即顶视图（Top）、底视图（Bottom）、左视图（Left）、右视图（Right）、前视图（Front）、后视图（Back）、自定义视图（User）和透视图（Perspective）。

4．Restore Active View 还原当前激活的视图状态

其功能是将保存到缓冲区中的当前激活的视图状态载入，以恢复到保存视图时的状态。比如说恢复当前透视图（Perspective）的状态。可以恢复的视图有 8 种，即顶视图（Top）、底视图（Bottom）、左视图（Left）、右视图（Right）、前视图（Front）、后视图（Back）、自定义视图（User）和透视图（Perspective）。这个菜单与前一菜单配合使用。

5．Grids 栅格

其功能是打开栅格，它有 4 个子项。3D Studio MAX 中为了精确显示物体的大小、位置，在视图中显示了用灰色线组成的十字交叉网格，有点像我们常用的坐标纸。这些网格，我们称之为栅格。

6．Show Home Grid 显示主栅格

该菜单的功能是显示（或关闭显示）被激活视图中的主栅格。被激活的视图一般用加亮

的白色框线包围。

7. Activate Home Grid 激活主栅格

该菜单的功能是激活主栅格，同时使物体栅格停止使用。我们有时在视图中用物体栅格简化物体的输入操作，这项功能当且仅当物体栅格被激活时才能使用。

8. Activate Grid Object 激活栅格对象

该菜单的功能是激活物体的栅格，同时使主栅格停止使用。这个命令与 Activate Home Grid 菜单的功能相反。

9. Align Grid to View 对齐视图

该项指令的功能是将指令的栅格对象与当前的视图画面对齐。

10. Viewport Background 视图背景图像

其功能是在当前工作的视图中设置背景图像，你可以在不同的视图中设置不同的背景图像，以分别观看显示效果。但该背景图像不影响渲染生成的图像。

11. Update Background Image 更新背景图像

其功能是更新工作视图中的背景图像。这在需要更改某个视图的背景图像时就要使用这个指令。

12. Reset Background Transform 重设背景转换

其功能是在背景图像大小与当前工作视图大小不相适应时，调整背景图像的大小，使其与工作视图的大小相适应。

13. Show Transform Gizmo 显示坐标轴

其功能是显示指定物体的轴向坐标轴。当它被选上时，被选定的物体将显示其 X，Y，Z 的坐标轴及轴向，否则，坐标轴将不会显示。

14. Show Ghosting 显示前后帧

其功能是在视图中观看物体的动画效果时，将显示物体在运动当时的前后框架，就像显示物体的运动轨道，使运动的物体在运动过程中划出一个运动轨迹。这样，就可以通过这个显示过程，观察并调整物体的运动轨道。

15. Show Key Times 显示轨迹点时间

其功能是显示物体动画轨迹中每个点的时间，时间值将显示在视图中轨迹路径的旁边。

16. Shade Selected 将已选择的物体着色显示

其功能是将对选中物体进行着色和消隐，以便更加清楚地观察物体的空间关系。

17. Show Dependencies 显示从属物体

其功能是显示从属物体。当该项指令被选中时，所有关于被选定物体从属物体，如 instances（相依物体）、references（参考物体）等都会被加亮显示，以表示它是该选定物体的从属物体。

18. Match Camera to View 相机与视图相配

在透视图中，当选中此菜单时，将移动被选中的摄像机与相对应的场景相匹配。

这个菜单只有当透视图是当前工作视图并且一个摄像机是被选中对象时，它才能被激活。如果要将一个摄像机与另一个摄像机的场景相匹配，这样前一摄像机将会移动到与后一摄像机一样的位置上。

19. Redraw All Views 重画所有的视图

15

其功能是重画所有的视图。当经过许多的编辑修改过程后，视图中的画面也许有许多残缺的显示，这样不便于继续编辑。这时，可以选择 Redraw All Views 指令，重画所有的视图，使视图完整地显示出来，以便继续编辑。

20．Activate All Maps 激活所有贴图

显示视口中所有的贴图标志。

21．Deactivate All Maps 使所有贴图失效

其功能是停止显示视口中所有的贴图标志，并且取消所有已经施加于场景的材质。使用 Activate All Maps 菜单可重新打开贴图标志。在选择这个命令时，将会弹出一个警告对话框，以便于确认这项操作。

22．Update During Spinner Drag 微调控制项拖动时更新

当 Update During Spinner Drag 打开时，如果拖动微调控制项（如半径微调控制项），这时更新的效果将会实时地显示到工作视图中。

23．Expert Mode 专家模式

这个模式将提供一个最大的视图，供那些非常熟悉 3D Studio MAX 的专家使用，这些人只使用快捷键来操作 3D Studio MAX 的所有命令。当选择这个模式后，屏幕上的菜单栏、工具条、命令面板、状态行和沿着视图下部的所有导航按钮都会被隐去，屏幕上只留下 3ds max 的动画时间滑块、Cancel Expert Mode（取消专家模式）按钮和视图。如果要取消这个模式，只需按一下屏幕右下角的 Cancel Expert Mode 按钮即可。

（六）Create 对象建立菜单

用于建立几何模型、灯光、摄像机等。该菜单的功能将在下面的命令面板中介绍。

（七）Modifiers 对象修改器菜单

用于修改几何模型。该菜单的功能将在下面的命令面板中介绍。

（八）Character 人物模型菜单

用于在场景中建立人物三维模型。

（九）Animation 关于渲染的菜单

用于预视动画及动画的骨骼系统和 IK 系统等。

1．Make Preview 建立预视动画

其功能是生成任一指定的视图中的预视动画效果，并生成名为scene.avi 预视动画文件。在生成预视动画文件完毕后，程序将会自动调用 Windows 标准多媒体播放器来播放刚生成的预视动画文件。

2．View Preview 观看预视动画

其功能是调用 Windows 标准多媒体播放器来播放已生成的预视动画文件。每一次生成的预视动画文件的名字是相同的，都是Scene.avi 文件，一般存于 3ds max 目录下的 Previews 目录中。后面生成的预视动画将会覆盖前一个预视动画。

3．Rename Preview 重命名预视动画文件

其功能是将预视动画文件更名。同上面我们提到的 3ds max 生成的预视动画文件的文件名是一样的，后一个文件将会覆盖前一个文件。为将预视文件永久保存，可以使用这个功能将预视文件由scene.avi 更改为其他的文件名，以免被覆盖。

（十）Graph Editors 图形编辑菜单

Graph Editors 菜单为访问 3D 场景动画（时间）参数提供了一个途径。使用该菜单中的指令打开的轨迹视图（Track View）是一个对话框，轨迹视图提供的主要功能如下：

（1）在场景的分级列表中显示并可以选择对象和材质；

（2）显示并可以选择所有的动画轨迹；

（3）显示并可编辑动画的关键帧；

（4）编辑关键帧数据；

（5）显示并编辑时间区域；

（6）通过功能曲线编辑时间值；

（7）赋值并附加变换控制器；

（8）赋值并显示声音 wav 文件。

Graph Editors 菜单各项指令的功能如下：

（1）Track View-Curve Editor 轨迹视图-曲线编辑器

编辑动画中的物体运动功能曲线。

（2）Track View-Dope Sheet 轨迹视图-关键帧列表

轨迹编辑与关键帧的管理。

（3）New Track View 新建轨迹视图

其功能是建立一个新的轨迹视图。选择这项指令时，将不管轨迹视图存储缓冲区中有多少个已经存储轨迹视图，再建立一个新的未命名的轨迹视图。当然，如果轨迹视图存储缓冲中根本没有存储的轨迹视图，也可以选择这个命令建立一个未命名的新轨迹视图。

（4）Delete Track View 删除轨迹视图

其功能是删除所选的轨迹视图。选择这项命令时，将会显示一个对话框，将你存储的所有轨迹视图列表，你可以通过鼠标选择要删除的轨迹视图，进行删除操作。

（十一）Rendering 渲染菜单

Rendering 菜单包含了与渲染场景有关的各种指令，包括渲染环境的设置，生成动画效果，合成场景与画面输出到视频等等。

1．Render 渲染

其功能是显示渲染场景（Render Scene）对话框，并可以在渲染对话框中设置各种渲染的参数。在选择 Render 命令后，将会弹出渲染场景的对话框，在该对话框中包含了渲染所需的所有参数设定。这些参数设置包括 Common Parameters（公共参数）、MAX Default Scanline A-Buffer（MAX 默认扫描线 A-Buffer 参数）和 VUE File Renderer（VUE 文件渲染）三大类参数。其中 Common Parameters 参数包含了四类参数，现详细介绍如下：

（1）Time Output 帧输出

这类参数在对话框的最上部，它指定了渲染输出是动画中的单帧输出或多帧输出，而且可以指定任意输出的帧数。Single 是指当前帧的渲染输出；Active Time Segment 是指定的动画帧输出，这个指定的帧默认数值为 0～100；Range 是指定输出帧范围，其范围是由紧跟其后的两个数字来确定的，即这两个数之间（含这两个数）动画帧为输出的动画帧，其默认值为 0～100；Frames 可以让你不连续地选择多帧输出，其默认值为第 1，3 和 5～12 帧。你可以根据自己的需要选择不同的输出帧数。

(2) Output Size 输出尺寸

这个参数可以设置输出图像尺寸的大小。除了固定的（320×240）～（800×600）（单位为点）6 种尺寸外，还可以在 Custom 选项下设置任意的尺寸。

Image Aspect 为横竖方向上像素数之比。按下其前面的锁定按钮，可锁定该数值，从而在更改宽度后，高度便会按比例随之改变；更改高度后，宽度也会按比例随之改变。

Pixel Aspect 为横竖方向上像素的大小之比，一般取 1 即可。如你的输出设备横竖方向上尺寸有偏差，可用 Pixel Aspect 参数来调整。

(3) Options 选项

这类参数指示了在渲染时可供选择的 6 种选项，其分别是 Video Color Check（视频颜色检测）、Force 2-Sided（强制两面渲染）、Render Hidden Objects（渲染被隐藏的物体）、Render Atmospheric Effects（渲染大气的效果）、Super Black（超级黑色）、Render to Fields（渲染到场地）。这 6 个参数可以根据需要来设置，如果需要形成一个雾天的效果，可以选择 Render Atmospheric Effects 参数。

(4) Render Output 渲染输出

这类参数设置了渲染输出参数。Save File（存储文件）为输出指定一个存盘的路径和文件名。输出的文件格式包括 avi，flc，fli，cel 等动画文件和 eps，ps，jpeg，rla，tga，tif 等图像文件。Use Device（使用设备）是指渲染输出设备的类型。Virtual Frame Buffer（虚拟结构缓冲区）是将渲染显示输出到一个虚拟的结构缓冲区中，而不到屏幕上，以节约渲染时间。Net Render（网络渲染）指定网络渲染的各种参数。

MAX Default Scanline A-Buffer 用于设置 3ds max 的渲染扫描线参数。

VUE File Renderer 是指 VUE 文件渲染输出。VUE 是一个 ASCII 格式文件，类似一个用命令行语言来描述一个渲染过程。

2．Environment 环境设置

其功能是设置大气效果与背景效果。可以使用这个命令进行如下设置：

(1) 设置动画的背景颜色；

(2) 设置一幅图像作为渲染场景时的背景图案，或使用纹理来做球体、圆柱体和收缩包圆贴图；

(3) 设置并产生环境亮光；

(4) 使用设置大气的外挂程序，像 Volumetric Light（测定光线或质量光）程序、Volumetric Fog（质量雾）程序。

3．Effects 渲染特效

用此菜单可以给动画添加运动模糊、胶片颗粒、文件输出、景深特效、颜色平衡、亮度和对比度、模糊、镜头效果等特技效果。

4．Advanced Lighting 高级灯光

这是 3ds max 5 改进最大之处。新增的 Light Tracer（灯光跟踪器）和 Radiosity（辐射灯光）两个高级灯光都可以创建全局光照明。由于全局光照射到物体表面后还可从物体表面反射，再照射其他物体。这样就能更真实地模拟客观世界了。利用全局光还可以将一个物体的

色彩反射到场景中其他相邻的物体上。

5．Render to Textures

创建灯光照射下场景中物体的各层次结构面的贴图，然后将输出的贴图重新指定到场景中原先的物体上。

6．Material Editor 材质编辑器

其功能是提供一个材质编辑器，可以通过相关的参数以控制已编辑的材质与贴图。3D Studio MAX 的材质编辑器具有强大的功能。

7．Material/Map Browser 材质/贴图浏览器

其功能是浏览、编辑、修改和合并已有的材质库。

8．Video Post 后期制作

这个指令直译成中文是影像传递，其功能是动画场景的后期制作处理，提供动静态渲染合成，包括场景中的画面及各种特殊效果的后期制作处理。选择这个指令，屏幕将会弹出一个 Video Post 对话框，它提供了各种后期制作的处理模式，将影像合成，形成淡入、淡出效果，并可以加挂各种外挂的程序，形成各种特技效果。后期制作是 3ds max 的一个高级应用功能。

9．Show Last Rendering 显示最后一次渲染的效果

这个指令将显示最后一次渲染输出的效果，以方便用户的操作。

（十二）Customize 用户化菜单

1．Customize User Interface 用户化用户界面

设置菜单、工具条、用户界面颜色等。

2．Configure Paths 设置路径

其功能是设定一般路径（如字体文件、声音文件、场景缺省路径等）、外挂程序路径和贴图路径。设置都保存在 3ds max．INI 文件中。但直接修改这个文件要注意，修改错误会导致 3ds max 启动不了。

3．Units Setup 单位设置

其功能是设置当前显示的长度单位，其默认单位是英制单位，你可以将单位设置成为公制单位。

4．Grid and Snap Settings 栅格与捕捉设置

其功能是设置主栅格的间隔、显示特性和设置点捕捉的各种方法。

5．View Port Configuration 视图配置

其功能是配置当前工作视图下的各个参数。当选择这个菜单时，将会弹出一个对话框。在这个对话框中，可以设置 Rendering Method（渲染方式）、Layout（屏幕视图布局）、Safe Frames（安全框）、Adaptive Degradation（自动显示设定）、Regions（任意范围设定）5 大类参数，每类参数对应对话框中的一个页面。

6．Preferences 参数设置

其功能是对 3D Studio MAX 中的各种环境参数进行设置。包括 General（一般参数）、Rendering（渲染参数）、Inverse Kinematics（逆向关节运动参数数据）、Animation（动画播放和控制参数）、Keyboard（键盘参数）、Files（文件参数）、Gamma（Gamma 值参数）、View Ports

（工作视图参数）、Colors（颜色参数）共 9 大类参数设置。

（十三）Help 帮助菜单

用帮助菜单可查询 MAX 各种功能的用法。

二、工具按钮

下拉菜单下面是工具条。3ds max 5.0 以上版本的工具条有：主工具条（main toolbar）、坐标轴向控制工具条（Axis Constraints Toolbar）和层控制工具条（Layers）。在工具条的空白处按下鼠标右键可选择是否显示这些工具条。

主工具条很长，如果屏幕宽度方向的像素数小于 1280，则不能同时全部在屏幕上显示出来。将光标放在工具条的空白处，光标将变为手掌形，按下鼠标左键，推动鼠标可移动工具条，从而使没在屏幕上显示的部分得以显示。工具条左边如图 2.1.2 所示，右边如图 2.1.3 所示。

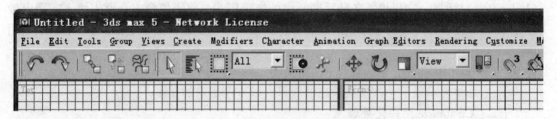

图 2.1.2

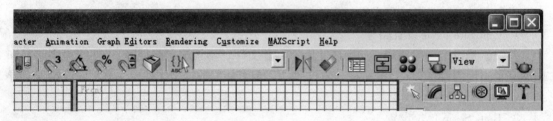

图 2.1.3

主工具条从左至右工具按钮依次为：

Undo（撤消上一个命令）

Redo（恢复上一个被撤消的命令）

Select and Link（选择并链接）

定义两个对象的层次关系，并链接它们为父子关系。

可以使用这个功能将当前的指定对象（子）链接到另一个对象（父）上；也可以链接一个指定的对象（子）到一个关闭的组（父）上。

链接的方法如下：用鼠标点一下 Select and Link 图标，并用鼠标从当前选定的对象（子）上拖画一条线到另一个对象（父）上，就完成了链接工作。

Unlink Selection（解除选择集中对象的链接）

解除两个对象的层次关系，将一个子对象从父对象中分离。

解除选择集中对象链接的方法如下：选择待解除链接的子对象，再用鼠标点中 Unlink Selection 图标即完成了解除链接的工作。

　Bind to Space Warp（绑接到空间扭曲对象）

将一个当前选择的对象绑接到空间扭曲（Space Warp）对象上。空间扭曲对象是由空间扭曲工具产生的对象（详见后面创建面板中有关 Space Warp 的介绍）。

绑接到空间扭曲对象的方法如下：

（1）选择要绑接的对象；

（2）用鼠标选取 Bind to Space Warp 工具图标；

（3）用鼠标从当前选定的对象上拖画一条线到空间扭曲对象上，就完成了绑接工作。这时，空间扭曲对象会闪烁一会，表示绑接成功。

　Select Object（选择对象）

这个工具就是选择一个对象或对一个已选择的对象进行操作。

　Select by Name（按名字选择）

弹出 Select by Name 对话框，允许用对象的名字来选择物体。

　Rectangle（　Circle，　Fence，　Lasso）Selection Region 方形（圆形，不规则形，套索）选择区域

这个工具是以鼠标画出的区域来选择对象。鼠标所画的区域可以有 4 种形状，从图标中可以清楚地看到分别是方形、圆形、不规则形状和套索（Rectangle，Circle，Fence，Lasso）。在鼠标框选范围内的物体将会被选取。

All　Selection Filters（选择过滤器）

这是一个下拉菜单式的工具。在下拉菜单中，你可以任意选择一种过滤器。这个工具让你只能选择某类对象。比如：如果你选取了 Cameras（摄像机）过滤器，那么在你使用选择工具来选取对象时，只有 Cameras 对象才能被选取到。

　Window/Crossing Selection Toggle（切换 Window 和 Crossing 选择方式）

如果切换到 Window 选择方式，则选择对象时，只选择全部在选择区域范围内的对象；如果切换到 Crossing 选择方式，则选择对象时，选择在选择区域范围内的所有对象，包括选择那些只有一部分在选择区域范围内的对象。

　Select and Manipulate（选择和处理）

用该按钮可选择对象并修改其参数。

　Select and Move（选择并移动）

选择物体并进行平移操作，可以在三维空间里朝任何方向进行移动操作。按下 Shift 键，拖动物体，可进行复制操作。

　Select and Rotate（选择并旋转）

选择物体并进行旋转操作。

Select and Uniform Scale（选择并按比例大小缩放）

在这工具按钮中包含了三个工具，分别是： Select and Uniform Scale， Select and Non-Uniform Scale， Select and Squash，即选择按比例大小缩放、不按比例大小缩放和压扁。可以根据自己的需要，选择不同的缩放工具对选择的对象进行放大、缩小操作。

[View ▼] Reference Coordinate System（参照坐标系）

这个工具可以改变当前的参照坐标系。同时，它是一个下拉菜单，列出所有的坐标系。现分别介绍如下：

（1）View（视图坐标系）

这个坐标系是 3D Studio MAX 默认的坐标系。在正投影视图中，视图坐标系的 X 轴总是沿水平方向指向视图的右边，Y 轴总是沿垂直方向指向视图的上方，Z 轴总是垂直屏幕从屏幕里指向你。

在正投影视图中，View 视图坐标系与 Screen 屏幕坐标系相同。在非正投影视图中，View 视图坐标系与 World 世界坐标系相同。

（2）Screen（屏幕坐标系）

在这个坐标系中将使用激活视图屏幕来定义坐标系，X 轴将在激活视图的水平方向并指向右边；Y 轴将垂直于 X 轴并指向上面；Z 轴则垂直于屏幕并指向你。当你激活任一视图时，对激活视图而言轴向皆维持不变，改变的是其在世界坐标系空间中的关系。

（3）World（世界坐标系）

这个坐标系是使用世界坐标所定义的方位。世界坐标系与视图无关。其 X 轴沿地面水平方向指向右边，Y 轴在地平面内垂直于 X 轴，Z 轴垂直向上。

（4）Parent（父级坐标系）

这个坐标系将使用当前所选择物体所链接的父物体的坐标轴向，如果这个所选择物体没有链接到任何父物体上，则以世界坐标系为准。

（5）Local（局部坐标系）

这个坐标系与父级坐标系类似，但使用被选择物体本身的坐标轴向。

（6）Gimbal（万向节坐标系）

这个坐标系与局部坐标系类似，但其三个轴向不必彼此正交。

（7）Grid（栅格坐标系）

3ds max 除了提供主栅格（home grid）外，还允许你建立任意数目的自定义的栅格物体。你可以将它放置于场景的任何地方，并可以激活它以取代主栅格。栅格坐标系将使用被激活栅格的坐标系统。

（8）Pick（拾取坐标系）

这个坐标系统可以让你使用任何场景中所选择物体的局部坐标系作为坐标系。

Use Pivot Point Center， Use Selection Center， Use Transform Coordinate Center（坐标轴心按钮）

这是一个涉及到物体变换时的工具，物体在做旋转或缩放变换时，将会有一轴心点。坐标轴心工具就用来定义这一变换的轴心点。共有以下3种方式：

（1）Use Pivot Point Center：将选择物体的轴心作为变换的中心点；

（2）Use Selection Center：以选择集的中心点作为变换的中心点；

（3）Use Transform Coordinate Center：使用当前坐标系的中心点。

$\boxed{2}$ 2D Snap，$\boxed{2.5}$ 2.5D Snap，$\boxed{3}$ 3D Snap（坐标捕捉方式）

当在视图中移动鼠标输入坐标时，有3种坐标捕捉方式，按S键可切换是否使用坐标捕捉。

（1）2D Snap 坐标捕捉方式：X，Y 坐标限制在网格点上，但Z轴方向不使用捕捉方式；

（2）2.5D Snap 坐标捕捉方式：二点五维坐标捕捉方式；

（3）3D Snap 坐标捕捉方式：三维坐标捕捉方式。

在坐标捕捉方式按钮上按鼠标右键将弹出设置捕捉选项的对话框，供我们选择：Grid Points（网格点）、Pivot（轴点）、Perpendicular（垂直点）、Vertex（顶点）、Edge（边）、Face（面）、Grid Line（网格线）、Bounding Box（边界）、Tangent（切点）、Endpoint（端点）、Midpoint（中点）、Center Face（中心面）等。

Angle Snap（角度捕捉）

此按钮按下时，对象的旋转将以固定的度数跳跃进行。默认角度间隔为5度，用鼠标右键单击该按钮弹出对话框后可修改角度捕捉间隔。

Percent Snap（百分比捕捉）

此按钮按下时，对象的缩放和挤压将按指定的百分比间隔进行。用鼠标右键单击该按钮弹出对话框后可修改百分比捕捉间隔。

Spinner Snap（微调捕捉）

此按钮按下时，即打开了微调捕捉开关。之后，我们按微调器的上下按钮时，将以一个固定的间隔进行微调。

Keyboard Shortcut Override Toggle（快捷键切换开关）

当此按钮弹起时，只启用主用户界面的快捷键；当此按钮按下时，除启用主用户界面的快捷键外，还启用功能区的快捷键。如可编辑网格（Editable Meshes）、轨迹视图（Track View）、NURBS 曲面等功能区的快捷键将被激活。

Named Selection Sets Dialog（命名的选择集对话框）

用鼠标右键单击该按钮，将弹出命名的选择集对话框。当我们选择了一些对象以后，打开这个对话框可给这些被选择的对象取一个名字，下面就可按名字选择这些对象了。

Mirror Selected Objects（镜像按钮）

将对被选取的物体做各个方向的镜像变换。可选定 X，Y，Z 轴做轴向镜像或选择 XY，YZ，ZX 平面做面向镜像。参见 Tools 菜单下的 Mirror 项介绍。

Align Button（对齐按钮）

这个按钮将当前选取的对象与目的对象对齐。共有 5 种对齐方式，分别用 5 种图标来表示，可以用鼠标来选取。

（1）Align Button（对齐按钮）：其功能是将选定的对象与目标对象按 X，Y 或 Z 轴对齐。

（2）Align Normal Button（法向对齐按钮）：其功能是依据选定对象的法向来进行对齐。法向是指定义物体朝向的矢量，法向的方向可以指示一个物体的向背。

（3）Place Highlight Button（放置高亮区按钮）：其功能是设置物体的反光点，以使得光照可以自动设置到正确的位置上，即通过反光点来决定光源的位置。

（4）Align Camera Button（对齐摄像机按钮）：其功能是将摄像机与一个选择面标准对齐。

（5）Align to View Button（对齐视图按钮）：其功能是将一个被选取的对象或子对象的轴与当前的视图对齐。

 Track View（打开轨迹视图）

这个按钮将打开一个轨迹视图。

 Schematic View（对象子集示意图）

用鼠标左键单击该按钮将出现一个窗口显示对象的父子结构，提供一种选择对象的方法。

 Material Editor（材质编辑器）

其功能是打开材质编辑器。在以后的章节中我们将会详细介绍材质编辑器。

 Render Scene（渲染场景）

其功能是显示渲染场景（Render Scene）对话框，并可以在渲染对话框中设置各种渲染的参数。有关场景渲染的详细介绍可以参看前面 Rendering Menu 的介绍。

 Quick Render（快速渲染）

这个图标的功能是使用目前的场景渲染设置参数来进行场景渲染，所以称为快速渲染。有成品快速渲染 Quick Render（Production）、草图快速渲染 Quick Render（Draft）和交互式快速渲染 Quick Render（ActiveShade）。

缺省状态下，坐标轴向控制工具条不显示出来。在工具条的空白处按下鼠标右键选择 Axis Constraints 可显示这个工具条。坐标轴向控制工具条从左至右工具按钮依次为：

 X Constrain to X（限制为 X 轴）

这个命令将物体变换（移动、旋转和比例缩放）限制到只有 X 轴方向的变化。

 Y Constrain to Y（限制为 Y 轴）

这个命令将物体变换（移动、旋转和比例缩放）限制到只有 Y 轴方向的变化。

 Z Constrain to Z（限制为 Z 轴）

这个命令将物体变换（移动、旋转和比例缩放）限制到只有 Z 轴方向的变化。

Constrain to XY，YZ，ZX（限制为 XY，YZ，ZX 面）

这个命令将物体变换（移动、旋转和比例缩放）限制到只有 XY，YZ 或 ZX 平面内的变化。

这是逆向关节运动的开启按钮。用来开关逆向关节运动。

Array Button，Snapshot Button and Spacing Tool（阵列按钮、快照按钮和间隔复制按钮）

这个工具按钮将阵列按钮和快照按钮合二为一，可以用鼠标来选择。

Array 按钮：其功能是将基于目前的对象建立一个阵列。参见 Tools 菜单下的 Array 项介绍。

Snapshot 按钮：Snapshot 功能是将一个动画中的物体实时复制下来。利用这个功能，你可以将一个正在动画过程当中的某个物体在一瞬间的情况复制下来，并可以用来生成另外一个物体。参见 Tools 菜单下的 Snapshot 项介绍。

Spacing Tool 间隔复制按钮：该按钮用于在弯曲的街道两边等间隔地放置对象。

三、命令面板

工具条右下方为命令面板，如图 2.1.4 所示。

命令面板分成 6 个页面，即：

Create（创建）；

Modify（修改）；

Hierarchy（层次）；

Motion（运动）；

Display（显示）；

Utility（实用程序）。

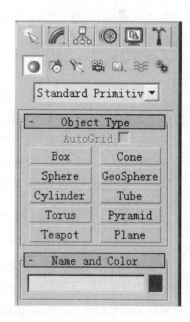

图2.1.4

（一）　Create（创建）命令面板

Create 命令面板上方 7 个按钮依次为：

Geometry 几何体；

Shapes 形体；

Lights 灯光；

Cameras 摄像机；

Helpers 帮助器；

≈ Space Warps 空间扭曲；

✳ Systems 系统。

1. ⬤ Geometry 几何体

Geometry 面板是用来生成各种三维几何体的，如球体、圆柱体等。通过 Geometry 面板上的列表框又可选择生成以下不同种类三维几何体的面板：

（1）Standard Primitives 标准几何体面板中有十个标准几何体：Box（六面体）、Sphere（球体）、Cylinder（圆柱体）、Torus（圆环）、Teapot（茶壶）、Cone（圆锥体）、GeoSphere（经纬球体）、Tube（圆管）、Pyramid（金字塔）、Plane（平面）。

（2）Extended Primitives 扩展几何体面板中有十个扩展几何体：Hedra（多棱体）、Chamfer Box（晶体）、Oil Tank（油罐）、Spindle（纺锤）、Gengon（五棱体）、Torus Knot（环节）、Chamfer Cylinder（倒角立方体）、Capsule（胶囊）、L-Ext（L-形体）、C-Ext（凹形体）、RingWave（环形波状体）、Hose（软管）、Prism（棱柱）。通过这些工具，可以创建 13 种扩展的基本物体。

以上基本形体总共有 23 种，这样能更真实地描绘现实世界。

（3）Compound Objects 组合物体一般是将两个或多个物体通过数学运算组合成一个单个的物体。组合物体是通过几个简单物体生成复杂的单个物体的一个极为重要的方法。

3ds max 中有 9 种组合物体，即 Morph（变形）、Boolean（布尔运算）、Scatter（分散）、Conform（相符）、Connect（联结）、Shape Merge（形状合并）、Terrain（立体地形图）、Loft（放样对象）、Mesher（网格）。

布尔运算有 Union（并）、Subtraction（减）和 Intersection（交）运算。将在本章第 2.7 节介绍。

沿着预订路径将二维和三维形体放样成三维对象是 3ds max 中生成复杂形体的最强大的工具。用这个方法可以生成电话话筒、层顶和瓶子等复杂对象。而其过程却很简单：

- 生成一个或多个形体，编辑成所要的形状。
- 生成另一形体作为放样路径。
- 将形体联到放样路径生成放样对象。
- 编辑放样参数生成各种对象。

放样对象是一个或几个形体表面沿一定路径放样产生的三维形体。生成两个形体后，要选择一个才能使用 Loft 命令。

Loft 命令面板有 4 个卷展栏：Creation Method（创建方法）、Surface Parameters（表面参数）、Skin Parameters（皮质参数）和 Path Parameters（路径参数）。

卷展栏是 3ds max 中的一种界面形式。它有两种显示状态，即展开状态和收缩状态。卷展栏处于收缩状态时，只显示一个长按钮，在按钮的左边有一个"＋"号。这时单击这个长按钮，可将卷展栏展开，从而使卷展栏处于展开状态。再单击这个长按钮，又可将卷展栏卷起。

将在本章第 2.7 节详细介绍放样对象。

Creation Method（创建方法）卷展栏，可以确定放样操作的对象是作为放样型还是作为放样路径来进行处理的。你可在卷展栏中选择 Get Shape（取形体）或 Get Path（取路径）。Move（移出）、Copy（拷贝）和 Instance（事例）三个选项表示放样前的两个形体在放样工作完成后的处理方式。

Move 表示在放样工作完成以后，放样形体将成为放样对象的一部分，而不再成为一个单独的对象。

Copy 表示在放样工作完成以后，放样形体将拷贝一个副本到放样对象中，而自身变为一个独立的对象。这样无论是改变放样形体还是改变放样对象，彼此不会相互影响。

Instance 表示在放样工作完成以后，放样形体将在放样对象中正常使用，而最初的放样形体也还存在，改变其中一个，将会影响另外一个的形状。这是系统默认的工作方式。

Surface Parameters（表面参数）卷展栏中，Smoothing（光滑）生成光滑对象参数，Length Smoothing（长度光滑）指沿放样路径光滑对象，而 Width Smoothing（宽度光滑）是指沿放样形体光滑对象。Mapping（贴图）是指可以对放样对象进行材质贴图。

Skin Parameters（皮质参数）卷展栏，可以控制加盖（Cap）、放样过程选项和放样对象在视图中的显示。加盖就是将表面放在放样对象的起点（Start）和终点（End），生成封闭的三维对象。放样选项（Options）控制放样对象的复杂性。现介绍如下：

• Shape Steps（形体步数）：控制放样形体中的每个顶点间的步数或线段数。步数越多，显示的曲线形体越光滑，但速度就越慢。

• Path Steps（路径步数）：控制路径中每个主段间的步数。使用曲线路径或放样变形时，能控制放样对象的光滑度。

• Optimize Shape（优化形体）：放样之前优化放样形体的线性样条段。减少放样对象的复杂性。

• Adaptive Steps（可调适步数）：在放样路径顶点之间给放样对象增加步数，生成更好的皮质对象。形体依赖于路径和变形曲线控制点处的加入步数。

• Contour（轮廓）：强制放样形体垂直于放样路径，否则放样形体间将相互平行。

• Banking（筑堤）：强制放样形体随放样路径旋转。例如：螺旋线放样路径中就打开筑堤，才能生成正确的放样对象，否则放样对象无法在三个方向与路径正确对齐。

• Linear Interpolation（线性插值）：确定 MAX 是在形体间采用线性还是光滑插值放样。缺省用光滑插值，产生更光滑更柔和的对象。线性插值则形体间用直线生成表面，使对象更刚硬。

• Flip Normals（颠倒法线）：使法线翻转 180 度。

• Skin Parameters 下方的 Display 框中有两个选项：Skin 和 Skin in Shaded，缺省选择 Skin in Shaded，使放样皮质只在阴影视图中显示；否则，皮质放样对象将出现在所有视图中。

最后一个卷展栏是 Path Parameters（路径参数），是用来控制沿放样路径的不同点放置不同的放样形体。Path 选项可以选择路径上放置下一形体的距离或百分数。

（4）Particles Systems（粒子系统）

3ds max 的粒子运动系统是生成模拟自然界环境的一个途径，比如说下雪、下雨、雾天等等。3ds max 的粒子系统有 6 个子项目，它们分别是 Spray（喷雾）、Snow（雪花）、Super Spray（超级喷雾）、Blizzard（大风雪）、PArray（爆炸）、PCloud（云雾）。3ds max 将粒子系统集成到程序中来，大大方便了用户的使用。

（5）Patch Grids（小片栅格）

27

Patch 的中文含义为小片，也可以音译为贝齐尔。在 3ds max 中定义了两种贝齐尔曲面：Quad Patch（四边形块）和 Tri Patch（三角形专用），用来生成三维有机对象。

（6）NURBS Surfaces（NURBS 生成面）

NURBS 是曲线曲面的非均匀有理 B 样条的英文首写字母的缩写。NURBS 面是生成 NURBS 模型的基础，包括了两种 NURBS 面：Point Surface（点生成面）和 CV Surface（CV 生成面）。

（7）Door（门）

在 3DS VIZ 中新增了门这个物体的创建命令。有 Pivot Door（单开门）、Sliding Door（推拉门）和 Bifold Door（双开门）。

（8）Windows（窗户）

3DS VIZ 中提供了 6 种类型的窗户，分别是 Awning（雨栅）、Fixed（固定）、Projected（天窗）、Casement（窗扉）、Pivoted（单开）、Sliding（双开）。

在 3D Studio VIZ 中，还有生成 Wall（墙）的功能，门和窗都可在墙上自动开洞。

2. 🗝 Shapes（型或形体）

形体命令面板用于生成二维形体并可以沿某个路径堆成三维对象。在形体面板中可以生成直线、正方形、圆、文字等二维形体。

（1）Splines（样条曲线）

在 Splines 命令面板里，有 11 种基本的样条形体。

型（Shape）是由一个或几个样条（Spline）定义的对象，样条则是由两个或几个顶点和联接顶点的线组成的。联接两个顶点之间的线为线段（Segment），根据顶点的值，线段可以是直线或曲线。现逐一介绍 11 个基本样条形体的命令。

• Line（线）：线是形成形体的基本单位，多种形态的线段形成了各种形态的（曲）线型。

• 矩形（Rectangle）：矩形是简单的四边图形，通过指定矩形的两个对角生成。使用矩形工具可以生成正方形或长方形的样条。

• 圆（Circle）：圆是由指定圆心和半径生成的。圆形工具可以生成一个含有 4 个顶点封闭的圆形样条。

• 椭圆（Ellipse）：椭圆生成的方式与矩形一样，只是内接于矩形。矩形的长和宽确定椭圆的大小和形状。椭圆工具用来生成椭圆和圆形样条。

• 圆弧（Arc）：圆弧是通过指定两个端点和一个中心或曲线半径点生成的。它是圆的一段，有着与圆相同的属性（如中心和半径）。圆弧工具可以创建由 4 个顶点组成的开弧或闭弧圆形弧段样条。

• 圆环（Donut）：圆环是简单的二维形体，只要选择中心和内外径即可生成。使用圆环工具可以生成由两个同心圆弧组成封闭样条，而每个圆弧都有 4 个顶点。

• 多边形（NGon）：多边形的形成要先指定边数，然后再指定中心和半径。使用多边形工具可以创建一个封闭的多边形样条。

• 星形（Star）：星形由外径和内径定义，每个圆上有 n 个点，星形是交替联接圆上两个点形成的。星形工具可以创建一个封闭的星形样条。

- 文本（Text）：文本是很重要的二维形体之一。文本是用字体和高度定义的。使用文本工具可以创建编辑文本样条，使用的字体可以是 Type 1 PostScript 字体或其他可以安装在 Windows NT 或 Windows 95 下的字体，如 TrueType 字体。3D Studio MAX 支持中文字体，可以在场景中轻而易举地输入中文文本，更加方便中国用户的使用。

- 螺旋线（Helix）：螺旋线是沿着圆周向上移动的点形成的。在 MAX 中螺旋线与其他的样条不同，它是一个三维样条而不是二维样条。

- 剖切面（Section）：这是指一个三维物体的剖切面。

（2）NURBS 曲线（NURBS Curves）

在前面介绍了 NURBS 曲面，NURBS 曲线是一种形体（Shape）对象，它通过挤压修改工具能生成基于 NURBS 曲面的 3D 物体的表面体。NURBS 曲线有两个对象，即点生成曲线（Point Curve）和 CV 生成曲线（CV Curve）。

3. Lights 灯光

运用正确的灯光对 3D Studio MAX 制作的场景进行照明，是生成真实场景的一个重要工作。照明（Illumination）过程就是准确地照明场景，达到需要的灯光效果。灯光命令面板的功能就是创建一个场景的灯光效果。灯光工具可以模仿家庭和办公室内的照明效果；可以用来创造舞台和电影场景的照明效果；也可以用来创造日照效果等等。不同的方法创建不同的灯光效果，可以模拟不同的自然界真实效果。在 3D Studio MAX 中共有 6 种类型的灯光：

（1）目标聚光灯（Target Spot）：目标聚光灯由一个光点射出定向光线，类似于手电筒发出的光线。目标聚光灯将射向一个具体目标。点光源可以进行衰减和位置调整，常用于场景中的投影，特别是内部场景。在舞台场景中，也常用到聚光灯。

（2）自由聚光灯（Free Spot）：自由聚光灯除了没有直射目标，它与目标聚光灯没有什么区别。

（3）目标平行光（Target Direct）：目标平行光是从一点向无穷远处发射的平行光束。太阳光就是一种目标平行光。目标平行光照射物体时将会留下阴影，它是用于射向一个固定目标的。我们可以调整光的大小和颜色，也可以调整光源的位置，并可以改变光柱照射的方向。

（4）自由平行光（Free Direct）：自由平行光除了没有直射的目标，它与目标平行光没有什么区别。

（5）泛光灯（Omni）：泛光灯是一种比较特殊的光源，它从一点射出并均匀照亮各个方向。通常泛光灯不生成阴影，用于场景的一般照明，有点类似于手术室的无影灯。

（6）天光（Skylight）：可以给天空指定颜色或贴图。天空就像场景上的一个圆屋顶。天光只能在使用高级灯光时才有效。

在 3D Studio MAX 制作的场景中，一般默认放置了两盏泛光灯，但只要你设置一个光源，系统设置的泛光光源就不起作用。我们刚开始建立场景时，虽然没有设置光源，但场景一样有光亮，这就是系统缺省设置的两盏泛光灯在起作用。

4. Cameras 摄像机

3D Studio MAX 中生成场景时，合成场景是表达创造意图的重要因素，合成是渲染和动画成功的基础。将摄像机设置到正确的观众位置是合成场景的重要一环。3D Studio MAX 提供了两种摄像机，即目标摄像机（Target）和自由摄像机（Free）。现介绍如下：

（1）Target（目标摄像机）：该工具将在视图中创建一个目标摄像机的对象。目标摄像机有摄像机点和目标点，可以赋予不同的名称，以便访问和选择。在两个点不隐藏时，它们以图标形式出现在所有正交的视图中。

（2）Free（自由摄像机）：该工具将在视图中创建一个自由摄像机的对象。自由摄像机与目标摄像机相似，只有一个差别，即自由摄像机没有目标。自由摄像机用于动画中将摄像机与运动的轨迹联系起来。

5. Helpers 帮助器

在日常绘制图纸的工作中，为使绘制的图纸精确，常常要使用尺子、曲线板等辅助工具。3D Studio MAX 中的帮助器（Helpers）是用于绘图的辅助工具，用于帮助描画或促动其他对象。帮助器对象在最后渲染生成的场景中将不会显示，但在作图时将会显示在视图视窗中。在 3D Studio MAX 5.X 版中有 6 种类型的帮助器，它们分别是：Standard（标准）、Atmospheric Apparatus（大气层的装置）、Camera Match（摄像机匹配）、Manipulators（操纵器）、VRML97（虚拟现实造型语言 2.0 版）、reactor（反应堆）。Manipulators（操纵器）和 reactor（反应堆）仅用于动画制作，下面不做介绍。

（1）Standard（标准）：在 3D Studio MAX 5.X 版中有 8 个辅助作图工具，它们分别是：Dummy（虚拟）、Grid（栅格）、Point（点）、Tape（卷尺）、Protractor（分度器）、Compass（指南针）、Crowd 和 Delegate。

（2）Atmospheric Apparatus（大气层的装置）：有 3 个工具，分别是：BoxGizmo（方盒形 Gizmo 物体）、SphereGizmo（球形 Gizmo 物体）、CylGizmo（圆柱形 Gizmo 物体）。

（3）Camera Match（摄像机匹配）：只有一个工具，即 CamPoint（摄像机焦点）。

（4）VRML97（虚拟现实造型语言 2.0 版）：VRML 是 Virtual Reality Modeling Language 的英文缩写，中文含义为虚拟现实造型语言。在 VRML97 面板中共有 12 种工具，它们分别是：Anchor（锚）、ProxSensor（接近传感器）、NavInfo（指北针）、Fog（雾）、Sound（声音）、LOD（Level Of Detail 细节的标准）、TouchSensor（手指传感器）、TimeSensor（时钟传感器）、Background（背景）、AudioClip（音频夹）、Billboard（布告板）、Inline（内联）。

6. Space Warps 空间扭曲

空间扭曲是 3D Studio MAX 的插入件，它是一个空间变形工具。空间扭曲对象是不能通过渲染来显示的，但它可以通过影响场景中的物体和物体周围的三维空间来产生渲染效果。例如：空间扭曲可以产生重力作用、爆炸等效果。

空间扭曲的基本使用方法如下：

（1）建立一个空间扭曲对象。

（2）调整空间扭曲的各个参数使之符合要求。

（3）将一需要变形的具体对象连接到刚创建的空间扭曲对象上来。如果不将对象、系统或具体的选择对象连接到空间扭曲对象上来，那么空间扭曲产生的效果在场景渲染时是不可见的。

（4）最后可以使用移动（Move）、旋转（Rotate）或比例缩放（Scale）3 个工具来调整空间扭曲对象以直接影响连接到空间扭曲上物体的变形效果。

3D Studio MAX 5.X 提供了 6 类空间扭曲工具，第三方开发者还可以开发更多其他的空间扭曲工具。其 6 类空间扭曲工具分别是：Geometric/Deformable（造型/变形）、Particles & Dynamics（粒子系统和动力学系统）、Modifier-Based（基本修改器）、Forces（力学）、Deflectors（导向装置）、Reactor（反应器），其中后三种仅用于动画制作，不予介绍。下面介绍前三种：

（1）Geometric/Deformable（造型/变形）

3D Studio MAX 5.X 提供的造型/变形空间扭曲工具是：FFD（Box）（自由形状变形（立方体））、FFD（Cyl）（自由形状变形（圆柱））、Wave（波浪）、Ripple（波纹）、Displace（错位）、Conform（相符）和 Bomb（炸弹）。

Geometric/Deformable 影响的是 Geometry（图形）工具创建的对象。

（2）Particles & Dynamics（粒子系统和动力学系统）

3D Studio MAX 5.X 提供的粒子系统和动力学系统空间扭曲工具有 9 个，它们分别是：Gravity（重力）、PBomb（粒子炸弹）、Wind（风）、Deflector（变流装置）、Path Follow（路径跟随）、UDeflector（普通变流装置）、Displace（错位）、SDeflector（球变流装置）和 Motor（马达）。

这类空间扭曲工具一般用来影响 Particle Systems（粒子系统）和 Dynamics Systems（动力学系统）工具创建的对象，如使用粒子系统创建的下雪对象。

（3）Modifier-Based（基本修改器）

3D Studio MAX 5.X 提供的基本修改器空间扭曲工具有 6 个，它们分别是：Bend（弯曲）、Twist（扭曲）、Taper（锥度）、Skew（倾斜）、Noise（噪音）和 Stretch（弹性伸缩）。

基本修改器中的空间扭曲对象与其他空间扭曲对象一样，需要有具体物体与它连接才能产生作用，而且只能工作在世界坐标系下，它一般用来产生扭曲或波纹场景。

7. System 系统

系统将对象、对象的联接和控制器结合成一个具有几何形状性质的对象，比如说人体骨骼系统。一些用 3D Studio MAX 其他工具极耗时或极难完成的造型，在使用系统工具时，你将会轻而易举地独立地完成。系统也将给外挂式程序插件（Plug-in）留一个空间，任何一个第三方独立开发者将可以建立和提供 3D Studio MAX 的系统工具。

在 3D Studio MAX 5.X 版中，系统工具提供了 5 个工具，它们分别是 Bones（骨骼）、Ring Array（环形阵列）、Sunlight（太阳光）、Daylight（日光）和 Biped（两足动物）。

（二）Modify（修改）命令面板

在使用 Create 命令面板的工具建立对象后，可用 Modify 修改命令面板对其参数（如六面体的长、宽、高）做修改，也可以用 Modify 修改命令面板的各种修改器对其做各种变换，如拉伸、扭曲、弯曲等。对物体施加的各种修改将保存在 Modifier Stack 修改器堆栈中。以后仍可以对 Modifier Stack 修改器堆栈做修改。

（三）Hierarchy（层次）命令面板

Hierarchy 命令面板是生成角色动画的强大工具。

（四） Motion（运动）命令面板

Motion 命令面板通过指定运动轨迹等手段生成动画。

（五） Display（显示）命令面板

Display 命令面板用于控制物体在视图中的显示。

（六） Utility（实用程序）命令面板

Utility 命令面板提供了 19 个实用程序。第三方程序开发商为 MAX 开发的外挂式程序（Plug-in）可以挂入 Utility 命令面板。

Asset Manager 资料管理器，对管理 3ds max 的贴图、场景及其他图像文件很有用。它可让我们快速浏览 3ds max 的场景及其他图像文件。

四、视图控制

命令面板的左边为视图区。缺省状态下，视图区分为四个部分：左上角为顶视图（Top），左下角为左侧视图（Left），右上角为前视图（Front），右下角为透视图（Perspective）。顶视图将显示从天空垂直向下看的情景，左视图将显示从左方向右方看的情景，前视图将显示从前方向后看的情景，透视视图将显示从某个角度看到的情景。用下拉菜单 View/View port Configuration/Layout 可改变视图区的布局。用右鼠标键单击视图名（如：Left、Front、Perspective、User）将弹出一菜单，用这个菜单可控制视图区的显示状态。

视图区下方为动画时间滑动条，拖动它可设定当前帧。时间滑动条下是状态栏，如图2.1.5 所示。状态栏显示当前已选择的物体数目和类型。 Lock Selection Set 按钮用于锁定选择的物体。Lock Selection Set 按钮用来显示光标处的坐标和缩放操作的百分数。

视图区右下方如图 2.1.6 所示。

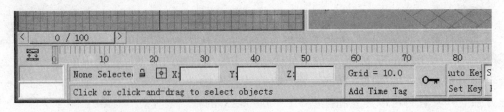

图 2.1.5

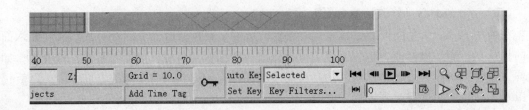

图 2.1.6

2.2　从建立一个简单房间开始

让我们来建立一个简单房间的场景，通过这个简单的练习来了解场景建立的全过程。学习完这一章的内容后，再复习本章第一节的内容，你将可以举一反三地学会其他功能的使用。

一、建模

（一）输入六面体作房间的地板

1. 双击 3D Studio MAX 的程序图标，启动 3D Studio MAX。File/Reset（执行 File 下的 Reset 下拉菜单），重置 MAX。

2. 单击屏幕右上角命令面板的 Create 图标，再单击 Geometry，再单击 Box。这时 Box 按钮变为黄色，并出现 Creation Method，Keyboard Entry，Parameters 卷展栏。用鼠标单击卷展栏按钮可展开一个面板，再单击卷展栏按钮又可折叠卷展栏面板。你可以在视图中拖动鼠标来建立六面体，也可以在 Keyboard Entry 卷展栏用键盘输入的方式来建立六面体。

3. 将鼠标光标移到标识为 Top 的顶视图中。在 Top 视图中的左上角单击并拖动光标到右下角，这时将出现一方形外框线。如图 2.2.1 所示。向上移动光标，单击鼠标左键。六面体的建立就完成了。若单击鼠标右键，则会取消命令。

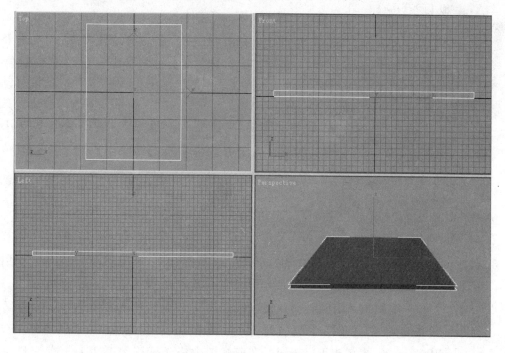

图 2.2.1

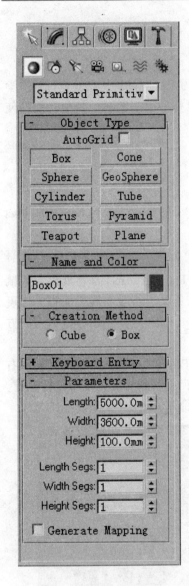

图 2.2.2

4. 如图 2.2.2 所示，双击 Parameters 卷展栏的 Length 编辑框，输入 5000，将六面体的 Length 长设为 5000。同样方法将六面体 Width 宽设置为 3600，Height 高设置为 100。单击屏幕右下角 ZoomExtents All ⊞ 按钮。

5. 单击 Select and Move ✥ 按钮，在刚建立的六面体上按鼠标左键选择物体。选择 Tools/Transform Type-In 菜单。在随后出现的 Move Transform Type-In 对话框中，将 Absolute：World 栏的坐标 X，Y，Z 均设为 0。

6. 双击 Name and Color 卷展栏的编辑框，将物体名 Box01 改为 Floor。

7. File/Save as 将信息保存到文件 t2floor．max。

（二）建立墙体

1. 单击屏幕右上角命令面板的 Create 图标 ↖，再单击 Geometry ◉，再单击 Box。单击工具条 2D Snap Toggle图标 ◹²，设置点捕捉。

2. 用鼠标右键单击左视图，拖动鼠标在左视图中建立 Length 长为 3100，Width 宽为 5000，Height 高为 100 的六面体。将物体名设为 Wall Left。

3. 单击屏幕上方 Select and Move 图标 ✥，将光标移到墙物体上，这时光标处将弹出一显示物体名（Wall Left）的黄色小框。单击鼠标左键并拖动可移动物体，将墙移至如图 2.2.3 所示位置。为防止误选择其他物体，选择物体后，可按屏幕下方 Lock Selection Set 按钮 🔒（或空格键）锁定选择的物体。

4. File/Save as 将信息保存到文件t2room．max。

5. File/Exit 退出 3ds max。

6. 双击 3D Studio MAX 的程序图标，启动 3D Studio MAX。

7. 用 File/Open 菜单打开t2room．max 文件。

8. 鼠标右键单击工具条 2D Snap Toggle 图标 ◹²，将弹出一 Grid and Snap Setting 对话框。在 Snap 页下选择 Vertex，将 Home Grid 下的 Grid Spacing 设为 100。关闭对话框。

9. 用鼠标右键单击 Front 前视图，在 Front 前视图中，按 Alt ＋ W 键使 Front 视图最大化显示，单击屏幕右上角命令面板的 Create 图标 ↖，再单击 Geometry ◉。选择 Standard Primitives，再单击 Box 按钮。在前视图中将光标移到 Wall Left 墙与 Floor 地面的交点上按下鼠标左键，拖动鼠标建立 Length 长 3100，Width 宽为 3600，Height

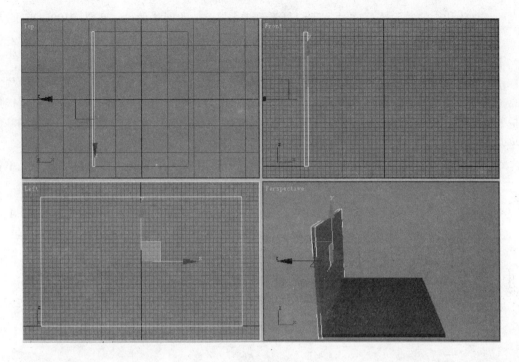

图 2.2.3

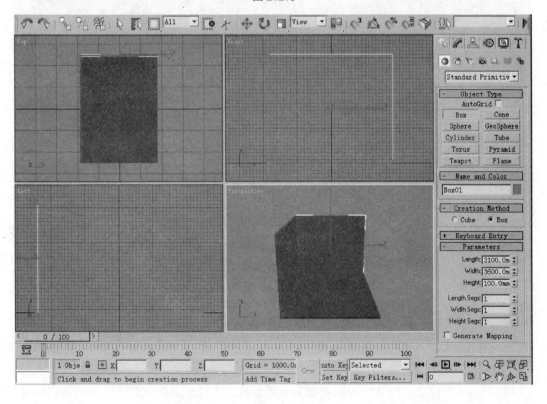

图 2.2.4

高为 100 的六面体。这时，我们可看到 Parameters 卷展栏的 Length 为 3100，Width 为 3600，Height 为 100。当光标靠近角点时，将出现绿色十字光标，这时单击鼠标左键可捕捉物体的角点。按 Alt ＋ W 键使 Front 视图复原。

10．如图 2.2.4 所示。选 Edit/Hold 菜单暂时保存。

根据笔者的经验，由于 3D Studio MAX 运行不十分稳定，建议你操作一段时间后，用 File/Save as 菜单将场景用另一文件保存一下，特别注意是用另一文件。如果你一直用同一文件保存，一旦在存文件时出错，可能会破坏文件，使你原先保存的内容也毁坏了。

11．将光标移到墙 Box01 上，单击鼠标左键选择墙，按 Del 键或选择 Edit/Delete 菜单将选择的物体删除。

12．在 Front 视图单击鼠标右键。单击屏幕右上角命令面板的 Create 图标，再单击 Geometry。选择 Standard Primitives，再单击 Box 按钮。单击 Keyboard Entry 长按钮，将Keyboard Entry卷展栏展开。将 X 设为 0，Y 设为 1550，Z 设为 － 2500。将 Length 设为 3100，Width 设为 3600，Height 设为 100。

13．将 Keyboard Entry 卷展栏向上推至见到 Create 按钮为止，按 Create 按钮。如图 2.2.5 所示。

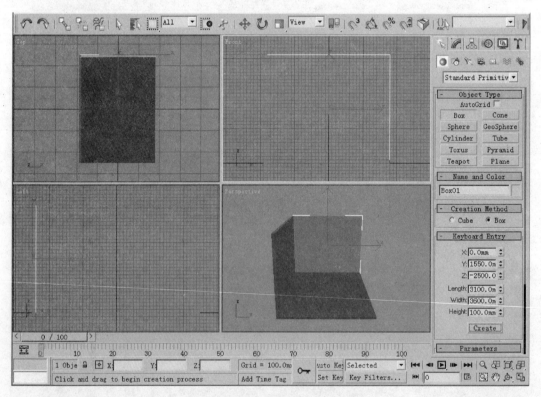

图 2.2.5

14．在 Left 视图中，按 Alt ＋ W 键使 Left 视图最大化显示。单击工具栏 3D Snap Toggle 图标，设定捕捉。单击屏幕上部工具栏 Select and Move 图标，按住 Shift 键，单击墙 Box01，并将其拖至地板 Floor 的右端。松开鼠标键和 Shift 键，将出现 Clone Option对话框，选择 Instance 后确定。完成后如图 2.2.6 所示。按 Alt + W 键使 Left 视图复原。

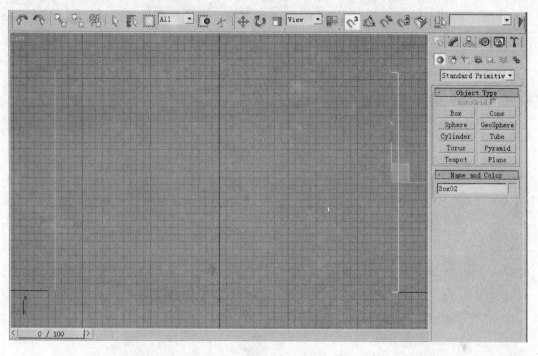

图 2.2.6

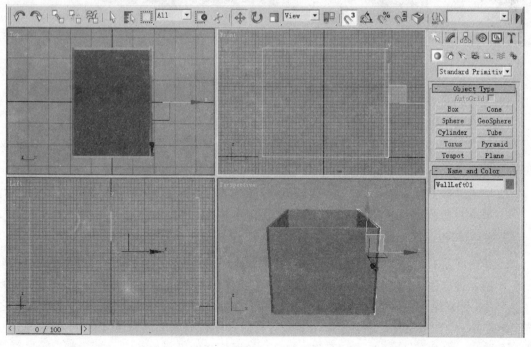

图 2.2.7

15. 在 Front 视图中，按照上一步复制墙 Wall Left，完成后如图 2.2.7 所示。

16. 在 Front 视图中，按 Alt + W 键使 Front 视图最大化显示。单击屏幕上部工具条上的
3D Snap Toggle 图标 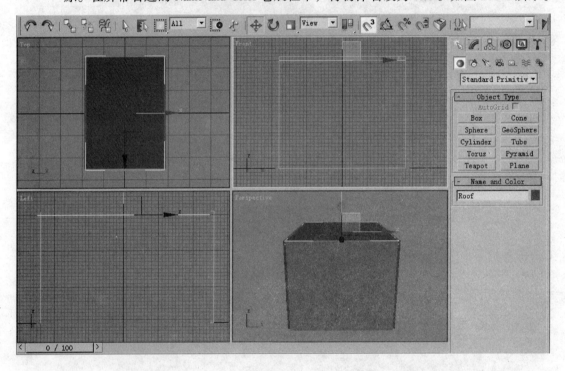，设定捕捉。单击屏幕上部工具条上的 Select and Move 图
标，按住 Shift 键，单击地板 Floor，并将其拖至墙的顶部地板。松开鼠标键和 Shift
键，将出现 Clone Option 对话框，选择 Copy 后确定。按 Alt + W 键使 Front 视图复
原。在屏幕右边的 Name and Color 卷展栏中，将物体名改为 Roof。如图 2.2.8 所示。

图 2.2.8

17. 选择 File/Save as 菜单，将场景存为 t2room1.max 文件。选择 File/Exit 退出。

（三）在墙上贴一幅画

1. 双击 3D Studio MAX 的程序图标，启动 3D Studio MAX。File/Open 打开 t2room1.max 文
件。

2. 单击屏幕上部工具条上的 Select by Name 按钮，出现一对话框，如图 2.2.9 所示。
单击左边列表框中的 Box02，按住 Ctrl 键再按 Roof 和 WallLeft01，松开 Ctrl 键。按
Select 按钮。这时就选择了三个物体。

3. 单击屏幕右上角命令面板的 Display 图标，展开 Hide 卷展栏，按 Hide Selected 按
钮，将房顶、右墙和前墙隐藏起来。如图 2.2.10 所示。

下面我们来建立一个帮助器 Helper，以便我们在左边墙上贴一幅画。在做下面的操作之
前，要准备一个图像文件。笔者这里用的是达利的一幅名画《记忆的永恒》，可在笔者的主
页 http://www.adri.scut.edu.cn/lyx 下载该文件。该图像文件尺寸为 640 × 458 像素。

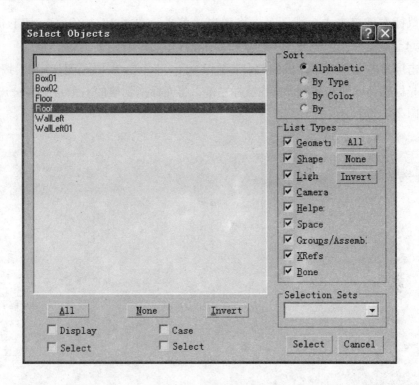

图 2.2.9

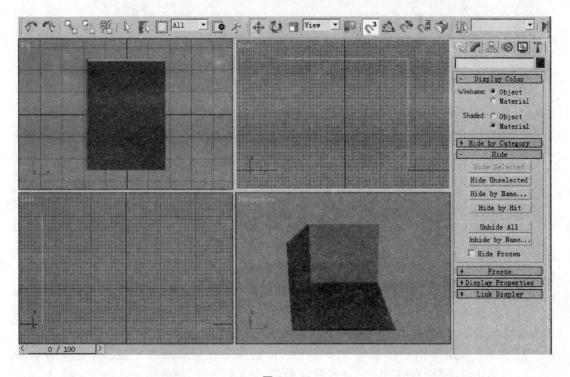

图 2.2.10

4. 用鼠标右键单击 Left 视图名，将弹出一菜单。选择 Views/Right，将 Left 视图改为 Right 视图。按 Alt + W 键将 Right 视图最大化显示。

5. 单击屏幕右上角命令面板的 Create 图标，再单击 Helpers 图标，按 Grid 按钮。将光标移到墙的左下角，按住鼠标左键，将光标拖到墙的右上角，再松开鼠标左键。如图 2.2.11 所示。

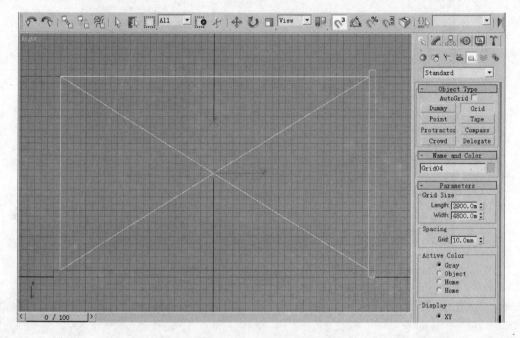

图 2.2.11

6. 按 Alt + W 键将 Right 视图恢复原状。用鼠标右键单击 Front 视图，按 Alt + W 键将 Front 视图最大化显示。单击屏幕上方 Select and Move 按钮；在屏幕上方工具条的空白处按下鼠标右键，在弹出菜单上选择 Axis Constraints。这时，坐标轴向控制工具条就显示出来了。在坐标轴向控制工具条上按下 Restrict to X 按钮，选择刚建立的帮助器 Grid04，并将其移动到墙 Wall Left 的内侧。按 Alt + W 键将 Front 视图恢复原状。

7. 按上述第 4 步的方法，将 Right 视图更换为 Left 视图。如图 2.2.12 所示。

下面我们来练习怎样利用这个 Helper 来在墙上贴画。当然，下面的例子实际上可以不用 Helper，这里用它是为了让大家熟悉这个功能。事实上，这个功能的确很有用，就像 AutoCAD 的用户坐标系一样，利用它你可将复杂的问题简单化，省去很多工作量。

我们怎样在墙上贴这幅画呢？下面的方法是，先在墙上贴一个六面体，以后再将这幅画作为这个六面体的材质贴图。为了不让图像变形，图像宽和高必须以相同的比例放大。我们要贴的图的尺寸为 640×458 像素，因此我们可建立一个 3200×2290×50 的六面体。

8. 在 Left 视图单击鼠标右键。按 Alt + W 键将 Left 视图最大化显示。选择帮助器 Grid04，用鼠标右键单击已选择的帮助器 Grid04。这时将弹出一菜单。选择 Activate Grid。如图 2.2.13 所示。

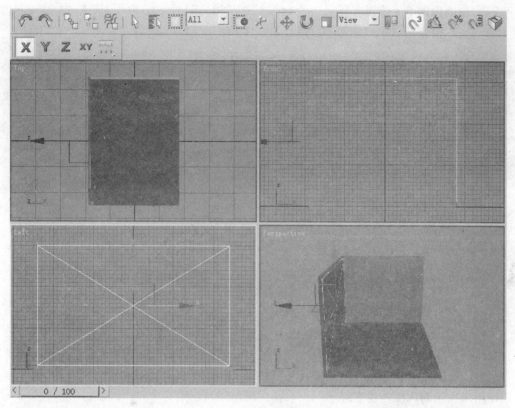

图 2.2.12

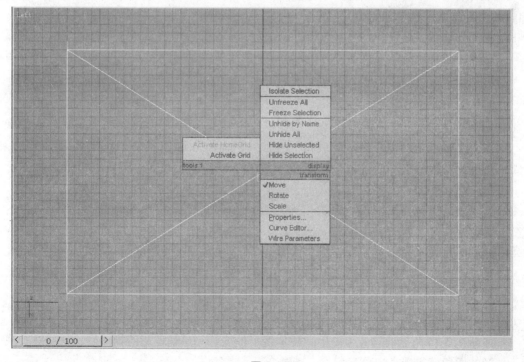

图 2.2.13

9. 按命令面板的 Box 按钮，建立一个 Length 为 2290，Width 为 3200，Height 为 50 的六面体。将六面体的名字改为 Rim。如图 2.2.14 所示。File/Save 保存。

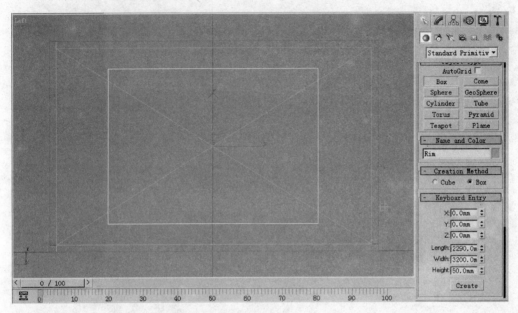

图 2.2.14

现在用来贴画的六面体建立好了，我们要用材质编辑器给这个六面体赋材质了。关于材质编辑器在本章 2.5 节将详细讲述。当你读完本章的全部内容后，请你思索一下，在墙上贴一幅画，是否还有其他方法？

10. 将光标移到工具条的上端或下端的空白处，你会发现光标变成了手掌状。按住鼠标左键，向左拖动，工具条将向左移动，一直到工具条停止移动再松开鼠标左键。用鼠标左键单击 Material Editor 按钮 ▓▓ 。这时将出现材质编辑器对话框。如图 2.2.15 所示。

11. 用鼠标左键单击材质编辑器第一个样本视窗（左上角第一个圆球）。双击材质编辑器上 Type 按钮前的下拉列表编辑框将材料名改为 Picture。

12. 用鼠标左键单击 Blinn Basic Parameters 卷展栏 Diffuse 后的空白按钮，如图 2.2.16 所示。

13. 这时将出现 Material/Map Browser 对话框。在 Browse From 栏内选择 New，在 Show 栏内选择 All，在浏览窗内选择 Bitmap，按 OK 按钮确定，如图 2.2.17 所示。

14. 如图 2.2.18 所示，用鼠标左键单击 Bitmap Parameters 卷展栏 Bitmap 后的长空白按钮。这时将出现 Select Bitmap Image File 对话框。选择要贴在墙上的图像文件，这里用的是 JPEG 格式的图像文件 jy.JPG。

15. 确定用来贴画的六面体仍处于选择状态，单击 Assign Material to Selection 按钮 ▓ ，如图 2.2.19 所示。请注意左上角样本视窗的变化。当材质赋给物体后，材质样本视窗的四角就出现了白色三角形。本章 2.6 节将做详细介绍。

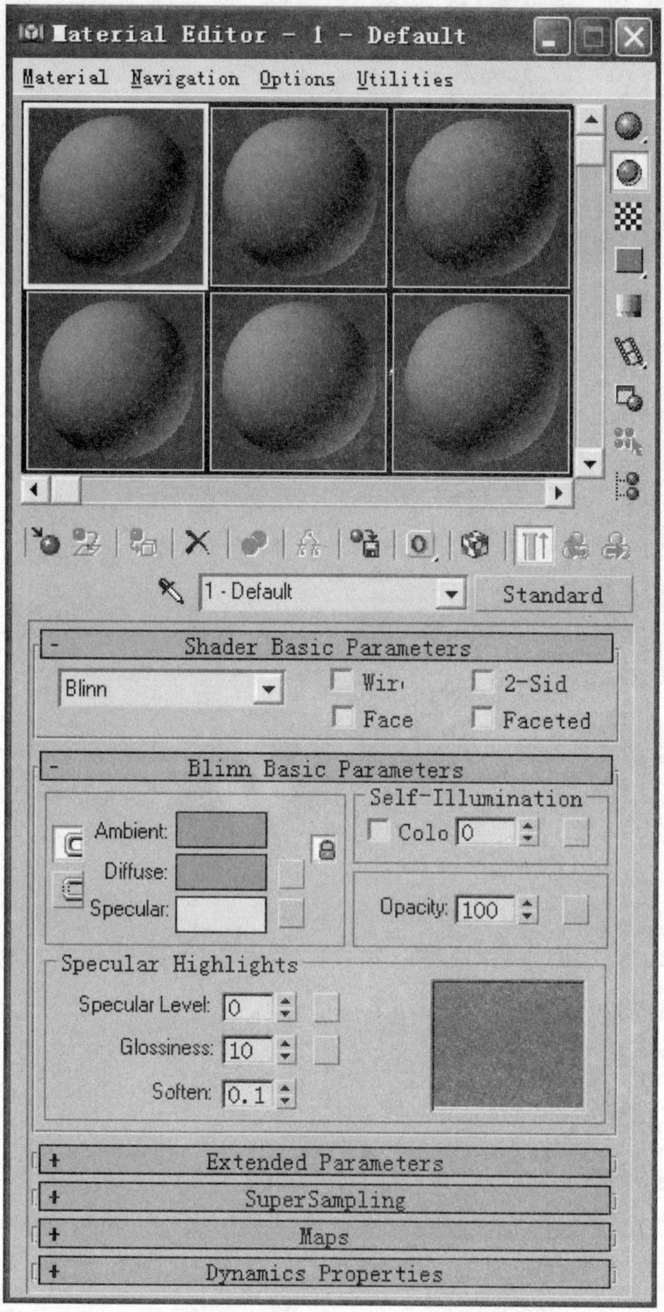
Material Editor - 1 - Default
Material Navigation Options Utilities
1 - Default
Standard
Shader Basic Parameters
Blinn
Wir
2-Sid
Face
Faceted
Blinn Basic Parameters
Self-Illumination
Colo 0
Ambient:
Diffuse:
Specular:
Opacity: 100
Specular Highlights
Specular Level: 0
Glossiness: 10
Soften: 0.1
Extended Parameters
SuperSampling
Maps
Dynamics Properties

图 2.2.15

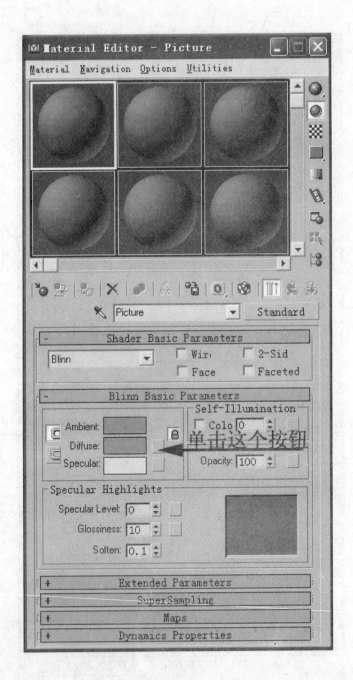

图 2.2.16

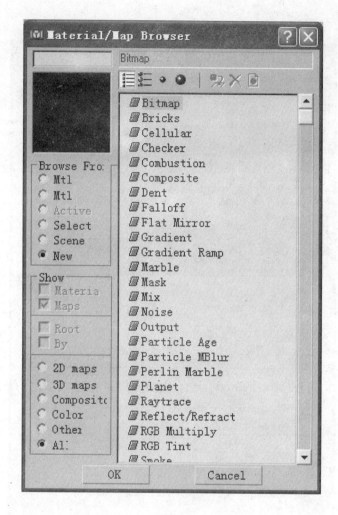

图 2.2.17

16. 单击 Show Map in View port 按钮，观察 Perspective 视窗有何变化。这时可看到画面已显示在墙上了。

17. 关闭材质编辑器对话框。File/Save 保存。

二、摆放摄像机

摄像机很有用，我们可通过调整它来观看我们所建立的模型；可设置多部摄像机，让我们方便地观察和比较多个角度、多个视点的效果。对制作动画就更有用了，我们可通过移动摄像机和调整摄像机方便地生成动画。

摄像机在场景中也被视为物体。但与模型物体不同的是，它与光源物体、帮助器等物体一样，都是辅助性物体，都不出现在渲染后生成的图像中。

在 MAX 中，有两种类型的摄像机，即 Target 和 Free。Target 摄像机有一个目标点，在视图的中心。Free 摄像机不使用目标点，它通常用于摄像机沿着一路径运动的情况。

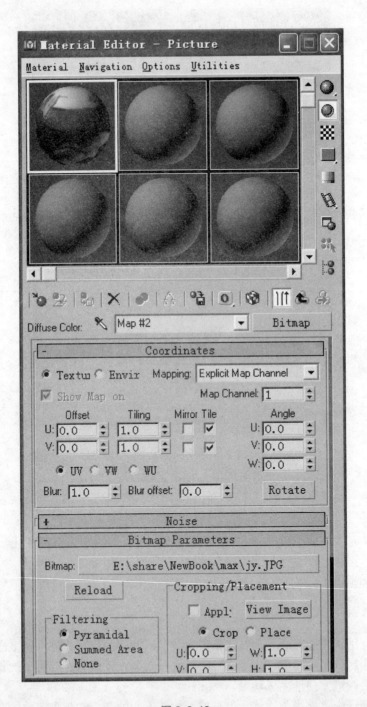

图 2.2.18

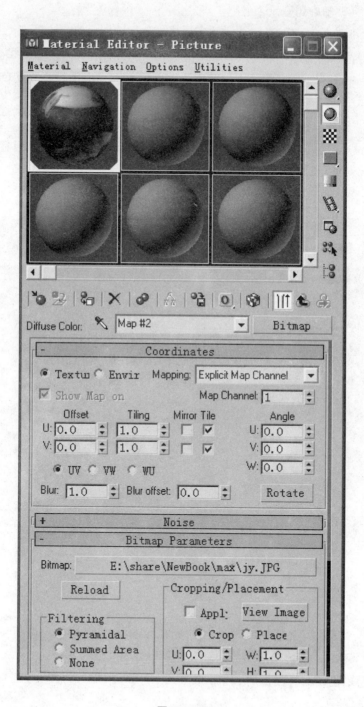

图 2.2.19

以上我们建立了一个房间的模型，并在墙上贴了一幅画。现在，让我们选择一个地方摆放一部摄像机，并调整好角度录个像吧。

1．Views/Grids/Activate Home Grid 激活主栅格。

2．单击屏幕右上角命令面板的 Create 图标，再单击 Cameras 图标，按 Target 按钮。激活 Top 视图，在房间的右下角按下鼠标左键，拖动光标到房间的左上角，再松开鼠标左键。这时摄像机就建立好了。

3．在 Front 视图中，按 Select and Move 按钮，在 Selection Filter All 列表框中，选择 Cameras，将选择的对象限制在摄像机范围内。将摄像机及其目标点移到适当的高度。此处将它们的 Z 坐标定为 1500。

4．在 Perspective 视图中，按 C 键切换到摄像机视图，如图 2.2.20 所示。

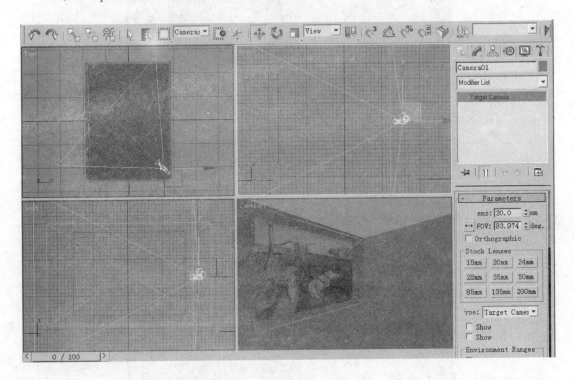

图 2.2.20

5．单击屏幕右上角命令面板的 Modify 图标，选择摄像机。单击命令面板 Parameters 卷展栏内 Stock Lenses 栏中的按钮，看摄像机视图有何变化。

6．单击屏幕右上角命令面板的 Display 图标，单击 Hide 卷展栏内 Unhide All 按钮。

7．File/Save 保存。

三、设定光源

3D Studio MAX 5 中有 6 种光源：Target Spot（目标聚光灯）、Free Spot（自由聚光灯）、

Target Direct（目标平行光）、Free Direct（自由平行光）、Omni（泛光灯）、Skylight（天光）。

泛光灯是以一点为中心向四面八方投射的光源，没有固定的方向。MAX2.5 以前的版本不能使其投射阴影，MAX2.5 改为可以使其投射阴影。当采用光线跟踪算法渲染时，使用泛光灯将比使用聚光灯的运算量大很多。因此，除非必要，尽量不要使用泛光灯。

聚光灯是以一点为中心按固定的方向投射的光源。它可以投射阴影。其光束的照射范围可以调整。目标聚光灯是有照射目标的。自由聚光灯没有照射目标，通常用于运动的路径上。

平行光类似太阳光，其光束是互相平行的。目标平行光有照射目标，自由平行光没有照射目标。

此外，单击屏幕右上角命令面板的 Create 图标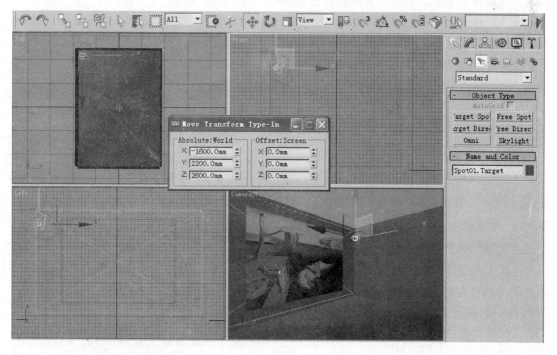，再单击 Systems 图标，按 Sunlight 按钮可建立太阳光源。

MAX 自动设置了两个隐藏的泛光灯，一个位于场景的左上方，一个位于场景的右后方。当场景中没有用户定义的任何光源时，这两个隐藏的泛光灯就起作用，否则，它们不起作用。

这两个预设的光源在建模的过程中，是很有用的，可以帮助我们先初步观察模型的透视效果。但我们不能移动它们，也不能调整它们的颜色、强度等参数。因此，我们最终还是得建立我们所要求的光源。

1. 单击屏幕右上角命令面板的 Create 图标，再单击 Lights 图标，按 Omni 按钮。在 Top 视图中，将光标移动到房间的正中，单击鼠标左键。在 Front 视图中，单击 Select and Move 按钮，将刚建立的泛光灯移到房顶。

图 2.2.21

2．单击屏幕右上角命令面板的 Create 图标 ⟨⟩，再单击 Lights 图标 ⟨⟩，按 Target Spot 按钮。在 Top 视图中，将光标移动到房间的左上角，单击鼠标左键。这时，就建立了一个目标聚光灯。单击 Select and Move 按钮 ⟨⟩，移动该聚光灯的位置和其目标点的位置，看看透视视图有何变化。使用 Tools／Transform Type-In 菜单将聚光灯的位置移到（－1300，2000，2900），将聚光灯的目标点位置移到（－1600，2200，2600）。如图 2.2.21 所示。

3．激活 Camera 视图，单击 Quick Render 按钮 ⟨⟩，可看到渲染后的图像，在房间的角上有一部分被聚光灯照亮。

我们可看到，墙上被聚光灯照亮的部分界限分明，与实际情况不符。我们可通过调整聚光灯的 Falloff 和 Hotspot 参数，使聚光灯照射部分的边界有一个渐变过渡。

4．选择聚光灯，单击屏幕右上角命令面板的 Modify 图标 ⟨⟩，将 Spotlight Parameters 卷展栏的 Falloff 参数改为 100，单击 Render Last 按钮 ⟨⟩。再看看渲染后的图像。

5．File／Save 保存。

2.3 目标选择

建立空间模型相对平面绘图来说，空间模型目标的选择更难处理些。对于平面图形，即使再复杂，我们在屏幕上通过将图形放大，总是能分辨它们。但是，一个复杂的空间模型在一个平面的屏幕上显示，将大大增加分辨它们和选择它们的难度。

在 3ds max 中，用户界面是使用面向对象的设计方法的。大部分操作必须先选择对象、程序，再根据你选择的对象的类型，提供相应的操作。在本章 2.2 节的练习中，我们已用过了一些目标选择的功能，下面我们来系统地学习一下。

一、目标选择的方式

3ds max 提供了多种目标选择的方式，我们可根据不同的情况灵活应用。

（一）单击鼠标左键选择

这种方式我们前面已做过练习了。当我们按下了工具条上的 Select object ⟨⟩、Select and Move ⟨⟩ 等按钮时，移动光标到要选择的物体上，单击鼠标左键就可选择物体。当光标移动到某一物体上时，光标将改变为粗十字形。光标在物体上停留一段时间后，光标处将显示物体名字。

在物体上单击一次鼠标左键，将选择一个物体。再次在另一物体上单击鼠标左键，将会把原来选择上的物体从选择集中去掉，而选择新的物体。当我们先按住 Ctrl 键，再在未选择的物体上单击鼠标左键，情况就不同了，新的物体被选择，原来选择上的物体也会保持选择状态。按住 Ctrl 键，在已选择的物体上单击鼠标左键，可将这个已选择的物体从选择集中去掉。

使用这种方式时，往往碰到周围有一些物体重叠在一起，难以选择到你要求选择的物体的情况。解决的办法，一是用 Display 命令面板 ⟨⟩ 或 Tools／Selection Floater 菜单等功能将一些物体暂时不显示在屏幕上；二是用 Selection Filter [All ▼]，将不希望选择的物体过滤掉。

（二）区域选择

区域选择就是用鼠标框出一个区域，以选择这个区域内的对象。3ds max 区域选择有两种模式，即交叉（Crossing）和窗口（Window）。交叉模式下，物体只要有一部分处在区域内就会被选择；窗口模式下，物体必须全部处在区域内才会被选择。单击工具栏上的 Window/Crossing Selection按钮 [图] 可设置区域选择模式。

选择区域有方形、圆形、不规则形状和套索（Rectangle，Circle，Fence，Lasso）等 4 种，可分别通过工具条上的 [□]、[○]、[◁]、[◌] 4 个按钮选择。

方形区域的选择方法是：在方形区域的一个角点上按下鼠标左键，拖动到方形区域的对角再松开鼠标左键。

圆形区域的选择方法是：在圆形区域的圆心点上按下鼠标左键，拖动到圆形区域的圆周线上再松开鼠标左键。

不规则形状的选择方法是：在不规则形区域的第一个角点上按下鼠标左键，拖动到不规则形区域的第二个角点上再松开鼠标左键，接着再在下一个角点上单击鼠标左键，直至输入完不规则形的每一个角点。最后双击鼠标左键或在第一个角点上单击鼠标左键将区域封闭起来。

套索的选择方法是：按下鼠标左键，拖动鼠标可围成一个区域。

（三）按物体名称选择

3ds max 中所有物体都有一个名字。创建物体时，MAX 将给物体取一个缺省的名字，你可以随时更改它的名字。每个物体的名字是不同的。

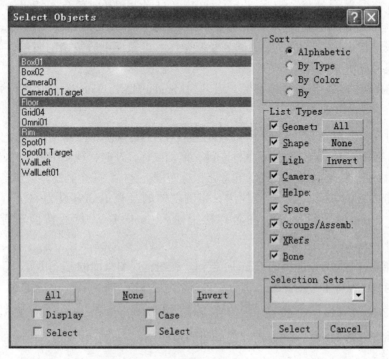

图 2.3.1

单击工具条中 Select by Name 按钮 ▣，或选择 Edit/Select By/Name 菜单，将出现 Select objects 对话框（如图 2.3.1 所示）。场景中物体的名字将出现在对话框的卷页窗中，已被选择的物体将反白显示。你可使用对话框右上角的 Sort 选项重新排列物体名字的显示顺序，你可选择 Alphabetical（按字母顺序排列）、By Type（按类型）、By Color（按颜色）、By Size（按尺寸）。在左上角的编辑行内可输入物体名，以指定要选择的物体。输入的名字中可用通配符 * 代替多个任意字符。用 List Types 栏可指定哪些类型的物体在卷页窗内显示。

（四）使用命名选择集

每当我们选择了一些物体的时候，我们都可以给这个选择集取一个名字。在 MAX 界面右上角工具条上 Mirror Selected Objects ▶▣ 按钮前，有一个 Named Selection Sets 编辑列表框，在其中输入名字就可以给你的选择集取名了。以后在这个编辑列表框中选择这个选择集名，就可以再一次选择此选择集中的物体。

（五）选择集的锁定

当我们选择了一些物体后，可能因为你意外地单击了物体以外的地方，使选择状态取消了，或错误地选择了其他物体。这时你下一步的操作将无法进行。为了解决这个问题，我们可单击选择集锁定按钮 ▣ （或按空格键）将选择集锁定。

二、将物体分组

我们可给物体分成不同的组。比如我们画一张桌子，可给组成桌子腿的物体分一个组，取名 Leg；可给组成桌子下部的物体分一个组，取名 Bottom；可给组成桌面的物体分一个组，取名 Top；给整个桌子分组，取名 Table。这样，桌子组 Table 包含有 Bottom 组和 Top 组，Bottom 组又包含 Leg 组和其他物体（如连接桌子腿的横杆）。物体组成一个组后，它们就可当成一个整体来进行平移、弯曲、变比例等变换操作。当模型十分复杂的时候，我们也不妨利用给物体分组的办法来简化物体的选择。

1．双击 3D Studio MAX 的程序图标，启动 3D Studio MAX。File/Reset（执行 File 下的 Reset 下拉菜单），重置 MAX。

2．单击屏幕右上角命令面板的 Create 图标 ▚，再单击 Geometry ◉ ，再单击 Cylinder 按钮。

3．在 Top 视图的中心点处，按下鼠标左键，拖动鼠标，这时，视图中将有一圆形物体出现。松开鼠标左键，向上推动鼠标，再单击鼠标左键。这样，一个圆柱体就建立了。

4．在命令面板的 Parameters 卷展栏内，将圆柱体的半径 Radius 设为 600，高度 Height 设为 50，Sides 参数设为 40。在名称栏中输入 Table Top，然后按回车键 Enter。单击 Zoom Extents All 按钮 ▣ 。

5．单击屏幕右上角命令面板的 Cylinder 按钮。在 Top 视图桌面的左下角处，建立半径为 40、高度为 700 的圆柱，如图 2.3.2 所示。在名称栏中输入 Table Leg，然后按回车键 Enter。

6．单击 Zoom Extents All 按钮 ▣ 。在 Front 视图中，单击 Select and Move 按钮 ✛ 和 Restrict to Y 按钮 ⅄ ，将桌面移到桌腿的顶部。

7．在 Top 视图单击鼠标右键。按下工具条的 Use Pivot Point Center 按钮 ▣ ，选择 Use

Transform Coordinate Center 按钮。选择桌腿物体后，按 Array 按钮，将出现Array
对话框，如图 2.3.3 所示。

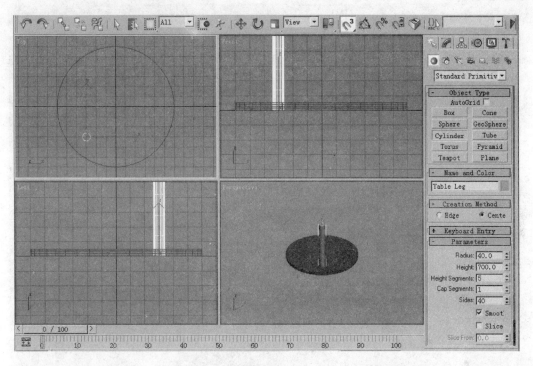

图 2.3.2

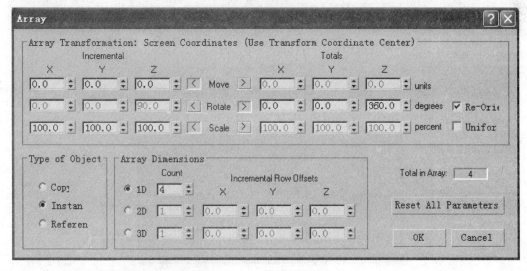

图 2.3.3

8. 单击 Array Transformation 栏中 Rotate 后的按钮，并设置绕 Z 轴角度为 360 度。在 Array
Dimensions 栏中 1D 后的编辑框中，输入 4。在 Type of Object 栏中，选择 Instance，以
使用关联复制。关联复制出来的物体就是相同的物体存在于不同的位置。对其中一

个所做的修改，同时影响其他与之关联的对象。按 OK 按钮确定，就生成了另外三个桌腿，如图 2.3.4 所示。

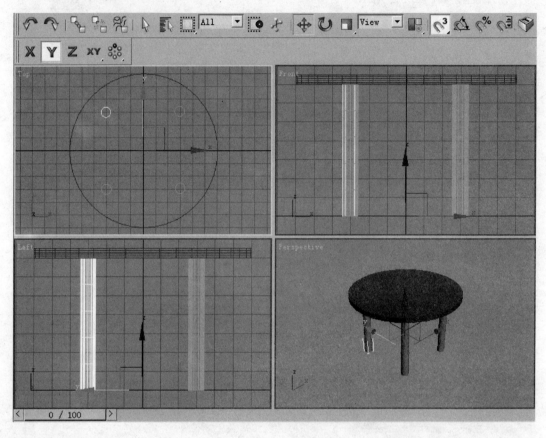

图 2.3.4

9. 选择四个桌腿，选择 Group/Group 菜单，将出现 Group 对话框。将 Group name 组名改为 Table Bottom，如图 2.3.5 所示。

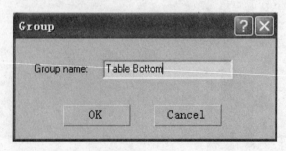

图 2.3.5

10. 单击 Select Object 按钮 ，按下 Ctrl 键再单击桌面物体，选择整个桌子。选择 Group/Group 菜单，将整个桌子的组名定为 Table。

11. 选择 Edit/Hold 暂时保存场景。

12. 单击 Select and Move 按钮 ✛，再单击桌子的任何地方移动物体。试着移动物体，这时，你会发现总是移动整个桌子。那么要想移动桌面怎么办呢？

13. 选择桌子，这时状态显示 1Group Selected，表示已选择了一个组。执行 Group/Open 菜单将组打开，这时你就可选择桌面移动了。但是，你若还想移动其中一个桌子腿却不行。这时，四个桌子腿只能当成整体移动。

14. 选择四个桌子腿，执行 Group/Open 菜单将组打开，这时你就可选择其中一个桌子腿移动了。

当打开一个组后，将出现一个 Helper 物体，通过选择它仍可一次选择整个组的物体。选择它或组中的某一物体后，再执行 Group/Close 可关闭这个组。这个组中的全部物体就又只能作为整体被选择了。

15. 执行 Edit/Fetch 恢复保存的场景。选择 File/Save 菜单，将场景保存到 table1.max 文件中。

2.4　变换与修改

一、物体的变换

前面我们已做过一些物体变换的练习，下面再系统地讲述一下。

物体的变换包括移动、旋转、比例缩放。比例缩放包括等比、非等比及挤压 Squash。挤压为缩放的特殊形式，它是沿某一轴向改变尺寸，而对另外两个轴向的尺寸做相反的改变。

值得注意的是，物体经旋转和比例缩放变换后，物体的尺寸参数并不会改变。

物体进行变换时，变换的中心点可以通过工具条上的坐标轴心按钮来选择。

（一）物体变换的工具

1. 选择工具条上的 Select and Move 按钮 ✛ 可移动和复制物体。

选择工具条上的 Select and Move 按钮 ✛，选择物体，将光标放在已选择的物体上，光标将变成十字箭头形状。按下鼠标左键，拖动鼠标就可移动物体了。

选择 Tools/Transform Type-In 菜单可以用键盘输入数值的方式移动物体。

2. 选择 Select and Rotate 按钮 ↻ 可旋转物体。

3. 选择 Select and Uniform Scale 按钮 ▣ 可等比例缩放，选择 Select and Non-Uniform Scale 按钮 ▣ 可非等比例缩放，选择 Select and Squash 按钮 ▣ 可挤压变换。如果没有先对物体的修改器堆栈增加 XFORM 修改器，在选择非等比例缩放和挤压变换时，都会出现一个警告信息框。这时，若进行非等比例缩放和挤压变换，以后对物体做修改时，可能会出现你不希望的情况。以下介绍物体的修改功能时，将详细讲述。

4. 选择 Mirror Selected Objects 按钮 ▶▍ 可镜像选择的物体。

（二）固定方向移动

我们常常需要将物体固定在某个平面上，或某个方向上进行移动等变换。请做下面的练习：

1. File/Open 打开 table1.max 文件。选择 Edit/Hold 暂时保存场景。

2. 单击 Select and Rotate 按钮 ↻，在 Top 视图中，选择整个桌子。执行 Tools/Transform Type-In 菜单，在 Rotate Transform Type-In 对话框的 Absolute 栏内输入绕 Z 轴旋转 30 度。如图 2.4.1 所示。

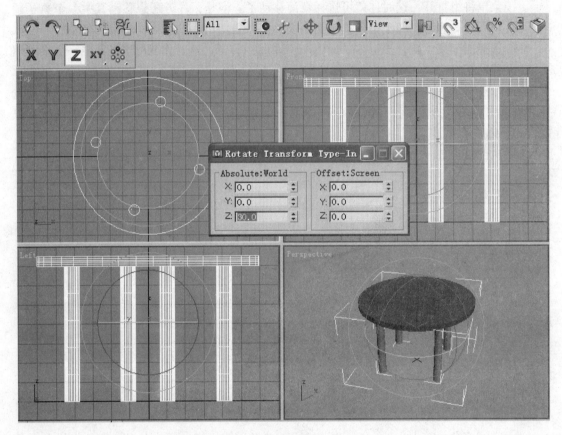

图 2.4.1

3. 单击屏幕右上角命令面板的 Create 图标 ▚，再单击 Geometry ●，再单击 Box 按钮，建立六面体。单击 Restrict to Z 按钮 Z，在 Front 视图将其移动到桌面上。

4. 在桌子仍保持选择状态时，选择 Group/Open 菜单打开组，再选择桌面。在 Reference Coordinate System 下拉式列表框中选择 Pick，再单击桌面物体，从而选择了物体的坐标系作为当前坐标系。如图 2.4.2 所示。

5. 分别单击 Restrict to XY Plane 按钮 XY、Restrict to X 按钮 X 后，移动一下刚刚建立的六面体 Box01。看看移动被限制在什么方向。单击 Restrict to Z 按钮 Z，旋转一下刚刚建立的六面体 Box01。看看旋转被限制在什么方向。

（三）坐标轴心的选择

当我们对一些物体作旋转、缩放等变换时，可以先定义一个轴心点。物体将绕轴心点旋

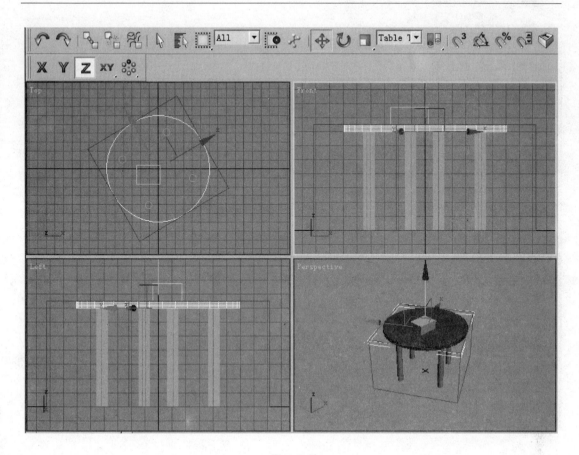

图 2.4.2

转，相对轴心点进行缩放、移动。

1. 单击 Use Pivot Point Center 按钮 ，选择 Use Transform Coordinate Center 按钮 。单击 Restrict to Z 按钮 Z 。单击 Select and Rotate 按钮 。在 Top 视图刚建立的六面体 Box01 上按下鼠标左键，上下推动鼠标，可见到这时是物体绕桌面坐标系中心旋转。

选择当前坐标系中心作为变换中心很有用。这样，我们就可通过改变坐标系，使变换的中心很方便地定义在任何点上。通过点帮助器的使用，我们可以很方便的改变坐标系中心，下面我们来做练习。

2. 单击屏幕右上角命令面板的 Create 图标 ，再单击 Helpers ，再单击 Point 按钮，单击 Top 视图上的任意位置，建立一个点帮助器。

3. 单击 Select and Rotate 按钮 ，在 Reference Coordinate System 下拉式列表框中选择 Pick，再单击点帮助器。

4. 单击 Restrict to Z 按钮 Z 。在 Top 视图刚建立的六面体 Box01 上按下鼠标左键，上下推动鼠标，可见到这时是物体绕点帮助器旋转，如图 2.4.3 所示。

下面我们来将这个六面体 Box01 放大。

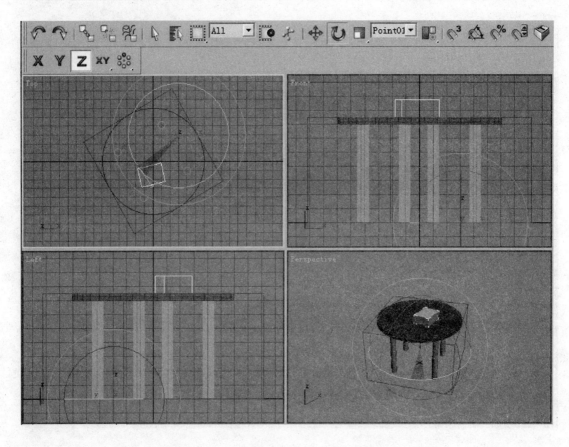

图 2.4.3

5. 选择六面体 Box01，单击屏幕右上角命令面板的 Modify 图标 ，将六面体 Box01 的尺寸改为 300×300×300。

6. 单击 Select and Uniform Scale 按钮 ，将光标移到六面体 Box01 上。按下鼠标左键，上下推动鼠标，可见到六面体 Box01 沿两个方向同比例缩放，如图 2.4.4 所示。

7. 单击 Select and Non-Uniform Scale 按钮 ，将光标移到六面体 Box01 上。按下鼠标左键，上下推动鼠标，可见到六面体 Box01 仍沿两个方向同比例缩放。

8. 单击 Restrict to X 按钮 ，将光标移到六面体 Box01 上。按下鼠标左键，上下推动鼠标，可见到六面体 Box01 仅沿 X 方向缩放。

9. 单击屏幕右上角命令面板的 Modify 图标 ，可见到六面体 Box01 的尺寸参数并没有发生改变。

10. 选择 Tools/Transform Type-In 菜单，将出现 Scale Transform Type-In 对话框。将 Absolute 栏的 X，Y 编辑框内数值都改为 100，可见到六面体 Box01 恢复成了原来的尺寸。

11. 执行 Edit/Fetch 恢复保存的场景。

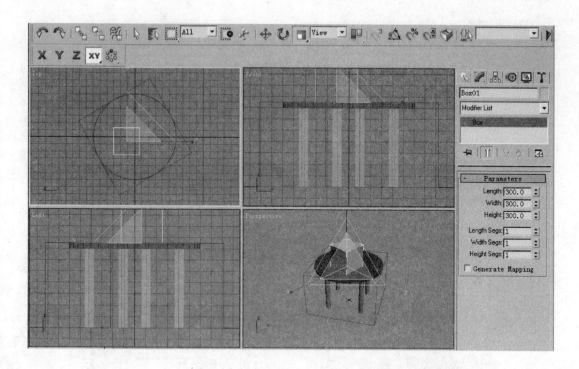

图2.4.4

二、修改功能堆栈

在 3ds max 中,物体的修改是建模最重要的功能。物体的修改包括的内容很多,如弯曲、扭曲、拉伸、布尔运算等等。利用物体的修改功能可以将一个简单的物体变化为复杂的物体。我们掌握了物体的修改功能以后,就可充分发挥想象力,创造出变化多样的三维模型了。

每一个物体都有属于自己的修改功能堆栈(Modifier Stack)。对物体的修改是以在修改功能堆栈中施加修改器而起作用的。修改功能堆栈中修改器的参数可以随时修改。对物体的修改将按堆栈中修改器的顺序依次进行。因此改变堆栈中修改器的顺序,将影响物体的最终状态。

(一) Modify 命令面板介绍

单击屏幕右上角命令面板的 Modify 图标 ，就会出现 Modify 命令面板。当没有选择任何物体时，Modify 命令面板处于不可用的状态；当选择了物体后，Modify 命令面板将根据所选择物体的类型激活相应的功能。下面我们来做练习。

1. File/Reset 重置 3ds max。

2. 建立一个尺寸为 $60 \times 60 \times 60$ 的六面体。单击屏幕右上角命令面板的 Modify 图标 。
在 Modify 命令面板的 Parameters 卷展栏中，将 Height Segs 参数修改为8。如图2.4.5所示。

3. 选择 File/Save 菜单，将场景保存到 box.max 文件中。

这时我们可看到 Modify 命令面板有 Parameters 卷展栏。在这个卷展栏可修改物体对象的基本参数。下面对 Modify 命令面板的按钮介绍如下:

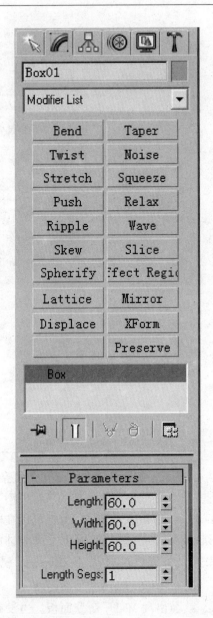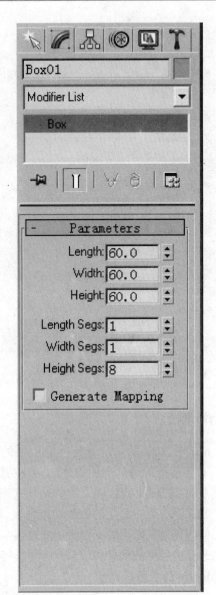

图 2.4.5

• Modifier List 列表框

　　3ds max 的修改器非常多，我们不能将所有修改器都放在面板上。对于命令面板上找不到的修改器，我们可在 Modifier List 列表框中选择。

• Configure Modifier Sets 按钮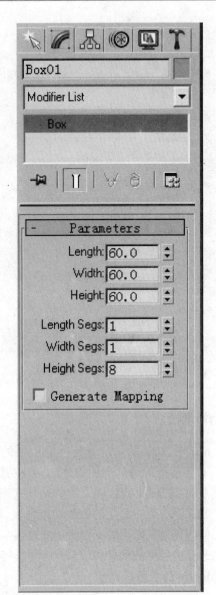

　　命令面板上显示的修改器是可以自定义布局的。显示多少个修改器，显示哪些修改器都可以配置，并可以作多个配置命名保存起来。Configure Modifier Sets 按钮 就是用于选择某一修改器布局配置的。

用鼠标左键单击 Configure Modifier Sets 按钮，将弹出一个菜单，选择 Parametric Modifiers,再用鼠标左键单击这个按钮，选择 Show Buttons。这时，我们看到修改器的按钮显示出来了，如图 2.4.5 左图所示。

- Pin Stack 按钮

用来冻结修改器堆栈的状态。冻结修改器堆栈后，你选择其他物体进行平移、旋转等变换时，仍然保持对原来选择的对象的编辑修改器操作。

- Active/inactive modifier toggle 按钮

用来切换编辑修改器的激活或不激活状态。选择编辑修改器，按下这个按钮，这个编辑修改器就处于不激活状态；再单击这个按钮，让按钮弹起来，这个编辑修改器就处于激活状态。

- Show end result on/off toggle 按钮

这个按钮用来切换是否显示编辑修改最终结果。选择堆栈中某个编辑修改器，单击这个按钮，让按钮弹起来，这个编辑修改器以后的所有编辑修改器将暂时不发挥作用。

- Make unique 按钮

使物体关联编辑修改器独立。

- Remove modifier from the stack 按钮

从堆栈中删除编辑修改器。

（二）Taper 修改器

1. 用鼠标左键单击 Configure Modifier Sets 按钮，将弹出一个菜单，选择 Parametric Modifiers，再用鼠标左键单击这个按钮，选择 Show Buttons。这时，我们看到修改器的按钮显示出来了，如图 2.4.5 左图所示。

2. 选择六面体 Box01，单击 Modify 命令面板的 Taper 按钮。现在 Modifier Stack 修改器堆栈列表框中显示 Box 上增加了一个 Taper 修改器，Parameters 卷展栏也改为显示与 Taper 修改器相关的参数。

3. 调整 Amount 及 Curve 的数值，观察各个视图的变化。我们会发现增大 Amount 的数值，六面体 Box01 的顶面将变大；减小 Curve 的数值，六面体 Box01 的中间将逐步向内凹，反之亦然。

4. 按下修改器堆栈列表框中 Taper 修改器 Taper 前的 Active / inactive modifier toggle 按钮，六面体 Box01 将恢复原样。但我们仍可看到六面体 Box01 上有一个橙色线框。这个橙色线框就是所谓 Gizmo 物体。

5. 单击 Active/inactive modifier toggle 按钮使其弹起。单击修改器堆栈列表框中 Taper 修改器 Taper 前的 + 号展开，选择 Gizmo，这时 Gizmo 物体由橙色变为黄色。选择 Gizmo 物体并移动它，我们可看到六面体 Box01 发生了改变。

6. 单击 Remove modifier from the stack 按钮。可看到修改器堆栈中的 Taper 修改器被删除了，六面体 Box01 回到了原始状态。

（三）Bend 修改器

1. 单击 Select and Move 按钮 ⊹。按住 Shift 键，再单击六面体 Box01，复制六面体 Box01，在 Clone Option 对话框中选择 Copy，生成六面体 Box02。

2. Edit/Hold 暂时保存场景。

下面我们对六面体 Box01 先施加一个 Taper 修改器，后施加一个 Bend 修改器；而对六面体 Box02 先施加一个 Bend 修改器，后施加一个 Taper 修改器。

3. 选择六面体 Box01，单击 Modify 命令面板的 Taper 按钮。将 Amount 值设为 – 0.5。

4. 单击 Bend 按钮，将 Angle 值设为 90。

5. 选择六面体 Box02，单击 Modify 命令面板的 Bend 按钮。将 Angle 值设为 90。

6. 单击 Taper 按钮，将 Amount 值设为 – 0.5。

7. 单击 Zoom Extents All 按钮 ⊞。如图 2.4.6 所示。

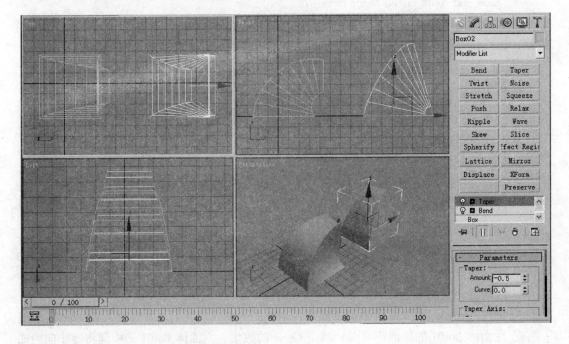

图 2.4.6

我们可看到两个六面体变形后的效果不一样。这是因为一个是先削细后再弯曲，而另一个是先弯曲后再削细。要使它们变形后的效果一样，只要将它们修改器堆栈的修改器顺序改成一样。

8. 在修改器堆栈列表框中将六面体 Box02 的 Bend 和 Taper 修改器顺序颠倒。这时，我们看到两个六面体变形后的效果一样了。如图 2.4.7 所示。

我们可以改变编辑修改器的顺序。但物体的变换永远是排在所有编辑修改器的后面，我们该怎么办呢？让我们来做下面的练习。

9. Edit/Fetch 恢复保存的场景。将两个六面体的尺寸 Length（长）和 Width（宽）都改为 20。

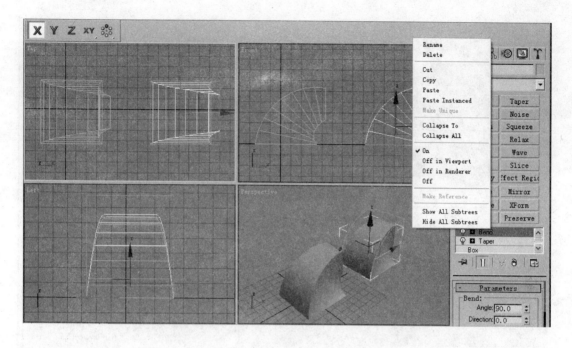

图 2.4.7

10. Edit／Hold 暂时保存场景。

11. 单击 Select and Non-Uniform Scale 按钮 。

12. 单击 Restrict to Z 按钮 Z ，按下 Percent Snap 按钮 。

13. 在 Perspective 视图中，选择六面体 Box01，按下鼠标左键往上推，将其放大到 150%。

14. 单击 Modify 命令面板的 Bend 按钮，将 Angle 值设为 90。

15. 选择六面体 Box02，单击 Modify 命令面板的 Bend 按钮，将 Angle 值设为 90。如图 2.4.8 所示。

　　我们可看到两个六面体弯曲的效果不一样。这是因为物体的变换永远是排在所有编辑修改器的后面，第一个六面体是先弯曲后再放大。为了得到我们希望的弯曲效果，我们要使第一个六面体先放大后再弯曲。这时我们可以通过 XForm 修改器来实现。

（四）XForm 修改器

1. Edit／Fetch 恢复保存的场景。

2. 选择六面体 Box01。在 Modify 命令面板 的 Modifier List 列表框中选择 XForm 修改器。这时，XForm 修改器处于 Sub-Object（次物体）选择模式，其 Gizmo 物体已经被选择。

3. 单击 Select and Non-Uniform Scale 按钮 。

4. 单击 Restrict to Z 按钮 Z ，按下 Percent Snap 按钮 。

5. 在 Perspective 视图中，选择六面体 Box01，按下鼠标左键往上推，将其放大到 150%。

6. 单击修改器堆栈列表框中的 XForm 修改器 XForm ，关闭 Sub-Object（次物体）选择模式，这时修改器堆栈列表框中的 XForm 修改器由黄色变为灰色 XForm 。

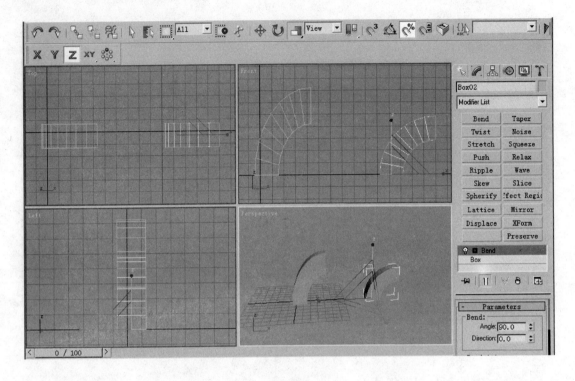

图2.4.8

7. 单击 Modify 命令面板的 Bend 按钮，将 Angle 值设为 90。

8. 选择六面体 Box02，单击 Modify 命令面板的 Bend 按钮，将 Angle 值设为 90。如图 2.4.9 所示。

这时，我们希望的效果终于达到了。我们来看看六面体 Box01 的修改器堆栈，发现 XForm 修改器在 Bend 修改器之前。我们对物体的变换是施加在 XForm 修改器的 Gizmo 物体上，而非直接作用于六面体 Box01 上，从而也就实现了对物体先放大后再弯曲。

（五）Twist 修改器

Twist 修改器是使物体产生扭曲。

1. Edit/Fetch 恢复保存的场景。

2. 选择六面体 Box01。单击 Modify 命令面板的 Twist 按钮，将 Angle 值设为 90。

3. 按 Bias（偏移）栏右边的微调按钮，观察六面体 Box01 的扭曲中心将上下移动。在 Twist Axis 栏选择 X，Y 和 Z 轴，观察绕三个轴扭曲的效果。

（六）Stretch 修改器

1. Edit/Fetch 恢复保存的场景。

2. 选择六面体 Box01。单击 Modify 命令面板的 Stretch 按钮。

3. 将 Parameter 卷展栏内 Stretch（拉伸）参数改为 1。六面体 Box01 被拉伸了原来的一倍长度，并且中间向内收缩。

（七）Wave 修改器

1. Edit/Fetch 恢复保存的场景。

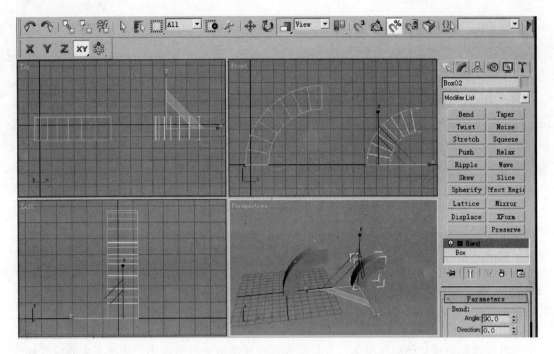

图 2.4.9

2. 选择六面体 Box01。在 Modify 命令面板上，将六面体 Box01 的 Length Segs 和 Width Segs
   参数都设为 20。

3. Edit/Hold 暂时保存场景。

4. 单击 Modify 命令面板的 Wave 按钮。

5. 将 Amplitude 1（振幅 1）和 Amplitude 2（振幅 2）设为 3，将 Wave Length（波长）设为
   15。Phase（初始相位）、Decay（衰减）都设为 0。

6. 用鼠标右键单击 Top 视图名，在随后出现的菜单中选择 Smooth ＋ Highlights，使 Top
   视图着色显示。这时，我们就看到了波浪效果。

（八）Ripple 修改器

1. Edit/Fetch 恢复保存的场景。

2. 单击 Modify 命令面板的 Ripple 按钮。

3. 将 Amplitude 1（振幅 1）和 Amplitude 2（振幅 2）设为 3，将 Wave Length（波长）设为
   15。Phase（初始相位）、Decay（衰减）都设为 0。

4. 用鼠标右键单击 Top 视图名，在随后出现的菜单中选择 Smooth ＋ Highlights，使 Top
   视图着色显示。这时，我们就看到了涟漪效果。

2.5　Edit Mesh 修改功能与次物体的选择

在建模过程中，有时需要对组成物体的某部分进行处理。这时就要选择次物体，即构成
物体的基本单元，如面、节点、边界等。在 3ds max 中，次物体的选择主要是通过 Edit 类编
辑修改器（Edit Mesh，Edit Spline，Edit Patch）和 Volume Select 进行。

一、Edit Mesh 修改器的修改功能

Edit Mesh 修改器对物体的修改功能有如下四种：

（一）转换功能

我们用 Create 命令面板内的工具生成的标准几何体 Geometry 都是参数化物体。在 3ds max 中，它们存储的是几何参数。对于这种非多边形网格体的物体，只要对其应用 Edit Mesh 修改器，该物体就被转换为多边形网格体，从而生成进行次物体编辑修改所需的节点、面、边界等元素，同时物体的原始创建参数仍然保存在修改器堆栈中。

（二）编辑功能

可以使用 Edit Mesh 修改器卷展栏中提供的各种编辑工具直接变换或编辑组成物体的各种次物体。

（三）表面编辑功能

在平面层次上，你可以为次物体材质指定表面的识别码（ID），或者更改平滑组（Smoothing Groups）及反转平面法向量。利用 Edit Mesh 修改器的表面编辑功能，我们可方便地给物体表面赋材质。比如要在墙上贴画的时候，我们可选择物体的某些表面指定贴图。

（四）选择功能

你可以选择组成物体的次物体，并将次物体选择集放置在堆栈中，使接下来的所有修改器只影响你所选择的次物体。

二、物体节点的修改

下面我们来编辑一个圆柱体，熟悉一下 Edit Mesh 修改器的操作方法。

（一）建立圆柱体

1. File/Reset 重置 MAX。

2. 在 Top 视图中建立一个圆柱体 Cylinder，在 Parameters 卷展栏中，将半径 Radius 设为 300，高度 Height 设为 1200，高度分段数 Height Segments 设为 10。

3. 单击 Zoom Extents All 按钮 ⊞ 。

4. 选择圆柱体 Cylinder01，在 Modify 命令面板 ⑦ 的 Modifier List 列表框中选择 Edit Mesh 修改器。

这时，Edit Mesh 修改器出现在堆栈列表中，如图 2.5.1 所示。堆栈列表中 Edit Mesh 修改器的颜色为灰色，这表示修改器没有处于次物体修改层次。单击 Selection 下面的红色按钮 ⁝ ，圆柱体上的节点都以一个蓝色十字符号标识，圆柱体处于节点（Vertex）次物体修改层次。给圆柱体应用了 Edit Mesh 修改器后，圆柱体就由参数化物体转换为网格物体了。但圆柱体的建立参数仍可使用。

Edit Mesh 修改器一共有三种次物体选择集等级，即节点（Vertex）、面（Face）、边界（Edge）。

（二）选择节点

1. 单击 Select Object 按钮 ▷ 。注意不能选择像 Select and Move ✛ 这样的选择加变换工

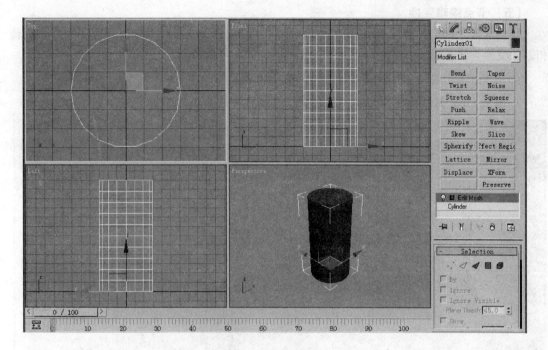

图 2.5.1

具。否则，每次只能选择一个次物体。

2. 单击圆柱体上任一节点。在被选择的节点上将出现一个小坐标系标识，我们叫它三
　脚轴。

3. 按下 Ctrl 键，再单击圆柱体上其他节点。每一个被选择的节点的蓝色十字标识都变
　成了红色。

4. 在圆柱体上按下鼠标左键，拖动鼠标将形成一方框，松开鼠标左键。这时，所有在
　此方框内的节点都被选择。

（三）选择面

在面（Face）选择等级下，有三种选择模式，即平面（Face）、多边形（Polygon）和元素
（Element）。

1. 单击 Selection 下面的红色按钮 ◣ 。

2. 在 Top 视图中，单击圆柱体上任一节点，拖动鼠标将形成一方框，松开鼠标左键。
　这时，所有在此方框内的面都被选择。

3. 在 Left 视图中，按下 Alt 键。拖动鼠标形成一个方框，并使这个方框包围 Left 视图左
　侧已被选择的所有面。

这时，圆柱体后背部分原来被选择的面都变成了非选择状态。

（四）选择边界

1. 单击 Selection 下面的红色按钮 ◢ ，即选择 Edge 方式。

2. 在圆柱体上按下鼠标左键，拖动鼠标将形成一方框，松开鼠标左键。这时，所有被
　选择的边界将变成红色。

（五）节点编辑变换

我们选择了网格物体的节点后，就像其他物体的选择集一样，可以对其应用平移、旋转和缩放变换，也可以将其删除，还可以对其应用 Taper 等修改器。

1. 单击 Selection 下面的红色按钮 选择 Vertex。

2. 激活 Front 视图，在圆柱体中部选择三行节点。如图 2.5.2 所示。

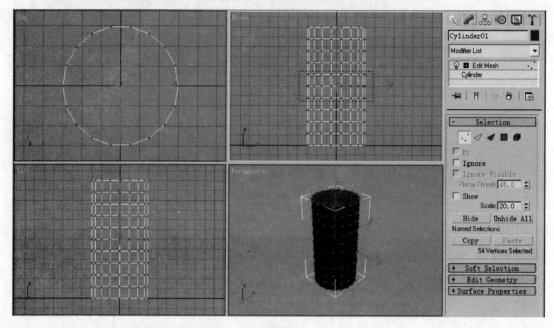

图 2.5.2

3. 按空格键锁定选择集。

4. 单击 Select and Uniform Scale 按钮 ，或在被选择的节点上单击鼠标右键选择 Scale 菜单。

5. 按下 Percent Snap 按钮 。

6. 按下鼠标左键，拖动鼠标。将节点的坐标缩小至 70%。在状态栏将显示缩小的比例。如图 2.5.3 所示。

以上是对节点的变换，下面我们来对节点的选择集应用编辑修改器。

7. 按空格键撤消锁定选择集。

8. 选择顶部第二至四行节点。

9. 单击 Modify 命令面板的 Taper 按钮。在 Parameters 卷展栏中，设定 Amount 数值为 −0.5，设定 Curve 数值为 −0.2，如图 2.5.4 所示。

我们看到这个 Taper 编辑修改器仅作用于被选择的节点。

10. 在编辑修改器堆栈列表中选择 Cylinder。

11. 单击 Show end result on/off toggle 按钮 。当该按钮弹起时，圆柱体回到修改前的形状。当该按钮按下时，圆柱体呈现修改后的最终形状。

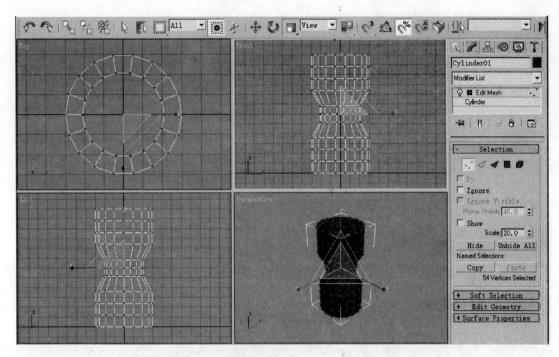

图 2.5.3

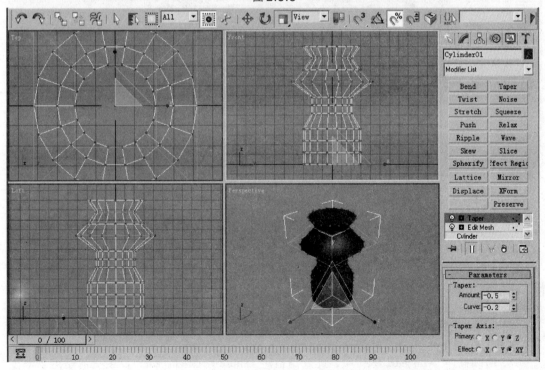

图 2.5.4

12. 在编辑修改器堆栈列表中选择 Edit Mesh。

13. 按下 Show end result on/off toggle 按钮 ，圆柱体将呈现修改后的最终形状。当松开鼠标左键时，Show end result on/off toggle 按钮 自动弹起，圆柱体回到 Taper 修改器修改前的形状。

我们可看到，圆柱体顶上四行节点处于选择状态。这个选择集将传给下一个修改器 Taper 进行修改操作。如果我们现在修改这个选择集，会怎样呢？

14. 选择圆柱体中间五行节点，按下 Show end result on/off toggle 按钮 。我们看到修改器 Taper 将对新的选择集进行操作。如图 2.5.5 所示。

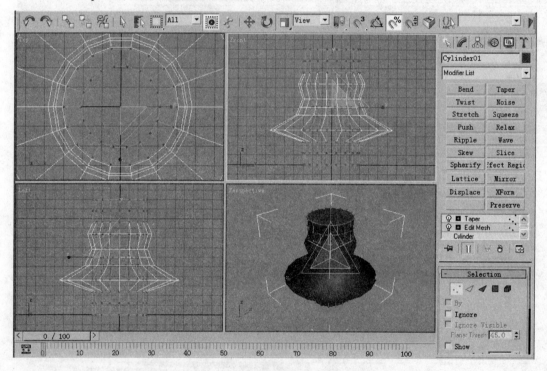

图 2.5.5

15. 单击 Undo 按钮 。撤消节点选择集的改变。

16. 在编辑修改器堆栈列表中选择 Taper，回到修改器堆栈的顶部。

下面我们来对圆柱体底部四行节点应用 Twist 编辑修改器。为此我们要再对圆柱体应用 Edit Mesh 修改器。

17. 选择圆柱体 Cylinder01，在 Modify 命令面板 的 Modifier List 列表框中选择 Edit Mesh 修改器。

18. 给圆柱体 Cylinder01 赋材质，此处是指定 Diffuse 贴图 checker，以便更清楚地观察变形效果。

19. 选择圆柱体 Cylinder01 底部四行节点。单击 Modify 命令面板的 Twist 按钮，给圆柱体 Cylinder01 底部四行节点应用 Twist 编辑修改器。将 Angle 值设为 60.0。如图 2.5.6 所示。

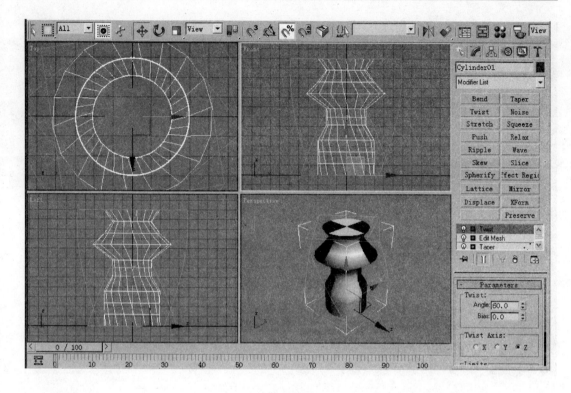

图 2.5.6

　　这时，如果我们要对整个圆柱体 Cylinder01 施加一个 Bend 修改器，我们不能立即施加 Bend 修改器。因为 Twist 编辑修改器的颜色为黄色告诉我们现在处于次物体修改等级。若要回到物体等级，就需要施加一个 Edit Mesh 修改器。

20. 选择圆柱体 Cylinder01，在 Modify 命令面板 [图标] 的 Modifier List 列表框中选择 Edit Mesh 修改器。

21. 关闭次物体选择模式。

22. 单击 Modify 命令面板的 Bend 按钮，给圆柱体 Cylinder01 应用 Bend 编辑修改器。将 Parameters 卷展栏的 Angle 值设为 30.0。我们可看到圆柱体 Cylinder01 整个弯曲了一个角度。如图 2.5.7 所示。

（六）改变建立参数

　　当我们对物体施加了 Edit Mesh 修改器后，在修改器堆栈中，再回到 Edit Mesh 修改器前的修改器或物体建立参数时，将会出现一警告信息框。因为 Edit Mesh 修改器依赖于物体网格的拓扑结构，若所做修改影响到网格的拓扑结构，将会出现不可预料的效果。

　　这时，我们拉开堆栈列表。

1. 选择圆柱体 Cylinder01，在修改器堆栈中，再回到物体建立参数 Cylinder。

2. 将 Parameters 卷展栏的 Radius 值设为 200，Height 值设为 750，Height Segments 值设为 8。这时，我们可看到变形效果未出现异常。

3. 将 Height Segments 值设为 1 时，就只有弯曲和扭曲的效果了。再将 Height Segments 值

71

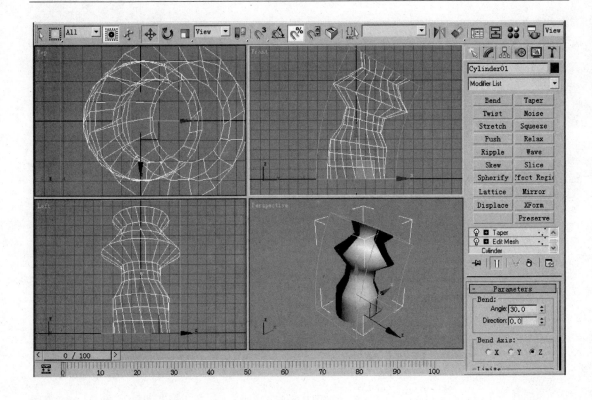

图 2.5.7

设为8时，无法回到刚才的变形效果了。

三、给物体表面赋材质

给物体表面赋材质的办法是：先将物体转换为网格物体，再给这个物体赋予一个 Multi/Sub-Object类的材质。一个 Multi/Sub-Object 类型的材质包含若干子材质，每个子材质有一个 ID 号。我们为各个子材质定义好参数，再在网格物体上选择表面为其指定材质 ID 号就行了。

1. File/Reset 重置 MAX。

2. File/Open 打开 table1.max。

3. 选择整个桌子，即组 table。

4. Group/Open 打开组 table。

5. 选择桌面 Table Top 圆柱体。

6. 单击工具条上的 Material Editor 按钮 ⊞。出现材质编辑器对话框。

7. 单击材质编辑器左上角样本视窗的第一个球。

8. 单击样本视窗下的 Assign Material to Selection 按钮 ⊡。

9. 将材质名字由 1-Default 改为 Table Top。

10. 单击 Standard 按钮。出现 Material/Map Browser 对话框。

11. 从 Browse From 栏中选择 New，在右边的材质列表框中选择 Multi/Sub-Object。单击

OK 按钮确定。在随后出现的 Replace Material 对话框中，选择 Discard Material，再单击 OK 按钮确定。

12. 单击材质编辑器上的 Set Number 按钮。在随后出现的 Set Number of Materials 对话框中，输入 Number of Materials 数为 2。

13. 单击 1 号子材质长按钮后的色块，将出现 Color Selector 对话框，选择黄色。

14. 单击 2 号子材质长按钮后的色块，在随后出现的 Color Selector 对话框中，选择白色。如图 2.5.8 所示。关闭材质编辑器。

图 2.5.8

15. 在 Modify 命令面板 的 Modifier List 列表框中选择 Edit Mesh 修改器。

16. 在 Selection 下，选择 Face 次物体选择模式 。

17. 单击屏幕上部工具栏的 Window Selection 按钮 ，使框选处于窗口选择状态。

18. 在 Front 视图中，用鼠标拉出一个框，选择桌面的上表面。将命令面板往上推至看到 Surface Property 卷展栏为止。将 Material ID 设为 1。如图 2.5.9 所示。

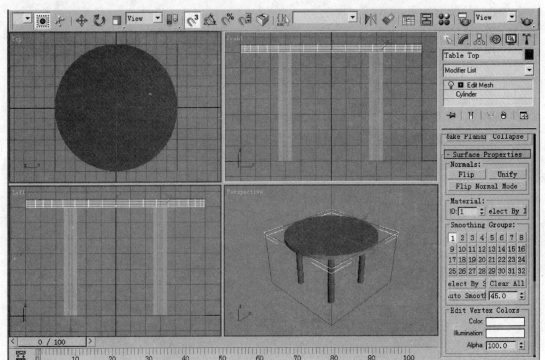

图 2.5.9

19. 在 Front 视图中，用鼠标拉出一个框，选择桌面的全部表面。按下 Alt 键，再用鼠标拉出一个框，选择桌面的上表面。这时就选择了整个桌面除上表面外的全部平面。

按 Ctrl 键选择对象，是将选择的对象加入选择集；按 Alt 键选择对象，是将选择的对象从选择集中去掉。

20. 将 Material ID 设为 2。

21. File/Save as 将场景保存为文件 table2.max。

这时我们从 Perspective 视图就可看出，桌面的上表面与其他表面颜色不同了，它们具有不同的材质。

四、Volume Select 修改器

在应用了 Edit Mesh 等依赖于物体结构参数的修改器以后，千万不要改变物体的结构参数，否则将引起不可预见的结果。但 Volume Select 修改器不依赖于物体的结构参数。它是在物体上框出一个体积范围，任何在此范围内的次物体将被放置在堆栈中，使接下来的所有修改器只影响此体积范围内的次物体。因此，改变物体的结构参数不影响 Volume Select 修改器的作用。

1. File/Reset 重置 MAX。

2. 在 Top 视图中建立一个圆柱体 Cylinder，在 Parameters 卷展栏中，将半径 Radius 设为 30，高度 Height 设为 100，高度分段数 Height Segments 设为 10。

3. 单击 Zoom Extents All 按钮 ⊞。

4. 选择圆柱体 Cylinder01，在 Modify 命令面板 ☑ 的 Modifier List 列表框中选择 Vol. Select 修改器。

5. 在 Parameters 卷展栏中 Stack Selection Level 框内，选择 Vertex（节点）。

这时，Vol. Select 修改器的 Gizmo 物体中的所有节点都被选择了。

6. 按下修改器堆栈列表框中 ⚙ ⊞ Vol. Select ⋯⁺ Vol. Select 修改器，进入次物体选择状态。

7. Edit/Hold 暂时保存场景。

8. 单击工具条上的 Restrict to XY Plane 按钮 XY，单击 Select and Move 按钮 ✥，拖动 Gizmo 物体。我们可见到，Gizmo 物体包围的节点被选择，Gizmo 物体范围外的节点不被选择。

9. Edit/Fetch 恢复保存的场景。

10. 单击工具条上的 Restrict to Y 按钮 Y。单击 Select and Move 按钮 ✥。在 Front 视图中，将 Gizmo 物体向上移动，直到选择圆柱体 Cylinder01 上除最下面一行以外的所有节点。

11. 单击 Modify 命令面板的 Taper 按钮。在 Parameters 卷展栏中，设定 Amount 数值为 –1.5，设定 Curve 数值为 – 1.0。如图 2.5.10 所示。

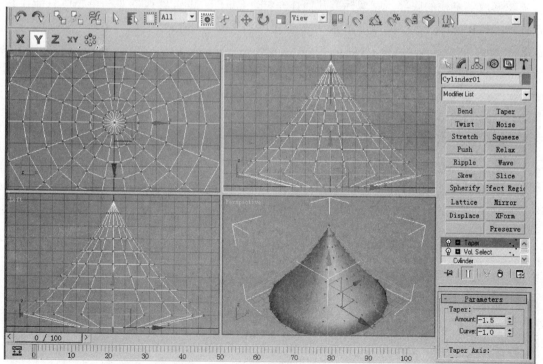

图 2.5.10

75

12. 在编辑修改器的堆栈下拉列表中，选择 Cylinder。按 Parameters 卷展栏中 Height Segments（高度分段数）栏右边的微调按钮，直到将其数值设为 20。我们看到在高度分段数增加的过程中，圆柱体的变形效果不变。再按 Parameters 卷展栏中 Height Segments（高度分段数）栏右边的微调按钮，直到将其数值减少到 1。这时，我们看到在高度分段数减少到 10 以前，圆柱体的变形效果不变；高度分段数减少到 10 以下，圆柱体的变形效果开始改变。高度分段数减少到 1 时，圆柱体的变形效果消失。

13. 将 Parameters 卷展栏中 Height Segments（高度分段数）数值设为 10。圆柱体的变形效果恢复。

五、Editable Mesh 修改器

虽然 Edit Mesh 修改器的功能很强，但这是有代价的。它为了保存网格增加了文件的大小和占用更多的内存。由于所有的编辑操作都是交互的和可以改变的，3ds max 将每一个修改器都保存在堆栈中。因此，如果你给一个物体应用了 5 个 Edit Mesh 修改器，所耗费的内存将是原来的 5 倍。所以，我们不要滥用 Edit Mesh 修改器。而使用 Editable Mesh 修改器可以缓解这个问题。

Editable Mesh 修改器不同于一般的修改器，从技术角度讲，它实际上不是编辑修改器而是一个可编辑的网格对象。对物体作用 Editable Mesh 修改器后，它作为物体的初始类型出现在编辑修改器堆栈的底部，就像标准几何体一样。Editable Mesh 修改器对一个物体只能在其修改器堆栈中应用一次，而 Edit Mesh 修改器可以多次应用。

1. File/Reset 重置 MAX。

2. 在 Top 视图中建立一个圆柱体 Cylinder，在 Parameters 卷展栏中，将半径 Radius 设为

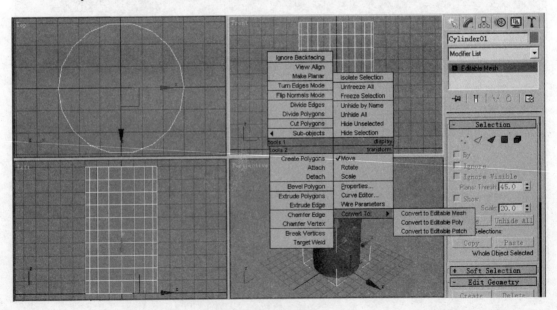

图 2.5.11

30，高度 Height 设为 100，高度分段数 Height Segments 设为 10。

3. 单击 Zoom Extents All 按钮🔲。

4. 选择圆柱体 Cylinder01，在 Modify 命令面板 🖌️ 的 Modifier List 列表框中选择 Edit Mesh 修改器。

5. 在视图圆柱体 Cylinder01 上，按下鼠标右键。这时将出现一菜单。选择 Convert To：／ Editable Mesh菜单。圆柱体 Cylinder01 就转变成了网格体。堆栈底部的 Cylinder 变成了Editable Mesh。建立参数不再保存，从而也无法修改了。如图 2.5.11 所示。

2.6　材质的指定

3ds max 的材质结构是很复杂的。它的材质结构是一个树状结构，一个材质可以包含 12 种贴图，每一种贴图类型又可以选择多种贴图类型。这些贴图分层分级进行组合，从而形成材质的最终效果。此外一个材质可以包含多个子材质，以便与次物体相对应。关于子材质在 2.5 节的"给物体表面赋材质"已讲解过了。

一、3ds max 的材质编辑器

在 3ds max 中，我们使用材质编辑器设计材质、管理材质和给物体赋予材质。通过设置材质的基本参数、扩展参数和贴图，我们可设计出形形色色的材质。

单击工具条上的 Material Editor 按钮 ⚫⚫ 或选择 Rendering/Material Editor 菜单或按下键盘上的 m 键，可进入材质编辑器。如图 2.6.1 所示。

（一）样本视窗

图 2.6.1 中，上下两行显示 6 个大圆球的窗口就是样本视窗。样本视窗中实际有 24 个圆球，每个圆球可显示一种材质的效果。注意，这并不意味着 MAX 的一个场景中最多只能有 24 种材质，因为不是所有材质都必须在样本视窗中显示，我们随时都可选择任一材质在样本视窗中显示。

将光标放在圆球窗口边界上，光标会变成手掌形。这时，按下鼠标左键并拖动鼠标可滚动样本视窗，从而让我们看到样本视窗中其他圆球。

激活的样本视窗周围会有一白色边框，如图 2.6.1 中所示的第一个显示红色球的样本视窗，我们称其表示的材质为当前材质。用鼠标左键单击样本视窗就可使其激活。样本视窗代表的材质若已赋予给场景中的物体，样本视窗四角就会出现白色三角形。

样本视窗周围有一些按钮，它们各自的功能如下：

🔵 Get Material：从材质库获取材质至当前样本视窗。单击该按钮，将出现 Material/Map Browser 材质浏览器。在材质浏览器中可浏览各材质的树状结构。

🔲 Put Material to Scene：将当前样本视窗中的材质替换当前场景中的同名材质。

🔳 Assign Material to Selection：将当前样本视窗中的材质赋予已选择的物体。

✖️ Ret Map/Mtl to Default Settings：将当前样本视窗中的材质和贴图重设为缺省状态。

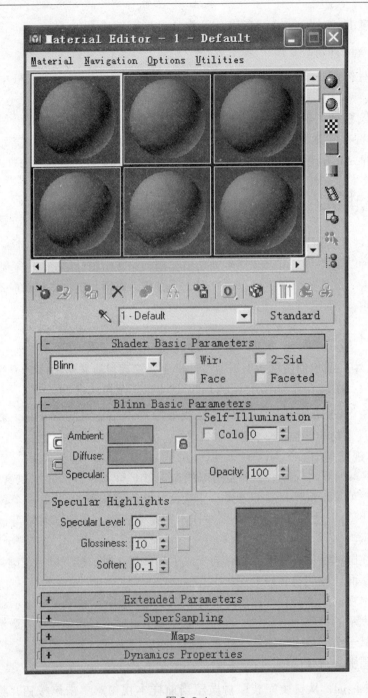

图 2.6.1

按该按钮要小心，否则花了很多时间设置和调整好的材质弄丢了很可惜。

Make Material Copy：复制当前样本材质至另一样本视窗。

Put to Library：将当前样本视窗中的材质存入当前材质库。

Material Effects Channel：材质效果通道。用于为材质指定 G-Buffer（G 缓冲）效果通道，通过效果通道可以在 Video Post（视频合成）中为该材质指定特殊的渲染效果。

Show Map in Viewport：在场景中显示材质贴图。

Show End Result：该按钮按下时，显示材质的最终结果；该按钮弹起时，显示材质在当前层次的效果。用于观察子材质的效果。

Go to Parent：将编辑操作移至材质的上一层次。

Go Forward to Sibling：将编辑操作移至同一层次的下一个子材质。

Material/Map Navigator：进入材质或位图（树状结构）导航器。

Sample Type：样本显示类型，用于定义样本的形状，可以选择球体、圆柱体和立方体。缺省情况是选择球体显示。选择与物体相似的样本形状来观察材质，将更易预测最后渲染的结果。

按下 Sample Type 按钮，在按钮的右侧将出现三个可选按钮，移动鼠标可选择你要的样本显示类型。这时，当前样本视窗就显示成你选择的样本形状。

Backlight：样本视窗中的背光显示开关，即在样本物体背后放置一个二级光源以产生高光效果。Backlight 背光显示开关仅影响样本视窗中的显示效果，而不改变材质本身。

Background：样本视窗中的背景显示方式切换按钮。主要用于显示双面类型（2-Sided)的材质，如玻璃等。用背景显示方式，我们可直观地调整双面类型材质的透明度。

Sample UV Tiling：样本视窗中样本的贴图平铺次数选择。仅影响样本视窗中的显示效果，而不改变材质本身。

Video Color Check：视频输出色彩检测单元。用于检测 MAX 产生的图像的色彩是否适合最终播放器材。单击该按钮后，MAX 会自动检测样本视窗中的材质。

Make Preview：动画预视渲染效果。

Options：材质编辑功能选项。可定义背景强度、照明、贴图比例等参数。

Select by Material：用材质导航器选择具有相同材质的物体。

Pick Material from Object：单击该按钮，光标将变成吸管形状。再用鼠标左键单击场景中已赋过材质的物体，原先赋予该物体的材质将被放到当前样本视窗中。用这个功能可快速将场景中的材质提取出来修改。

（二）材质基本参数

在 Shader Basic Parameters（Anisotropic，Blinn，Metal，Multi-Layer，Oren-Nayar-Blinn，Phong，Strauss，Translucent Shader）和 Blinn Basic Parameters 卷展栏列出了材质的基本控制参数。如图 2.6.1 所示。

Shading 参数就是材质的着色方式。用 Shader Basic Parameters 卷展栏中的下拉列表可选择着色方式。在 3ds max 中，共有 8 种着色方式：Anisotropic，Blinn，Metal，Multi-Layer，Oren-Nayar-Blinn，Phong，Strauss 和 Translucent Shader。着色方式决定 3ds max 以何种方式对材质进行计算和渲染。3ds max 中，缺省着色方式是 Blinn。

1．Anisotropic 各向异性着色方式

该着色方式的高光点成椭圆形。如果各向异性值 Anisotropic 为 0，高光点是圆形的，类似 Blinn 或 Phong 着色方式；如果各向异性值 Anisotropic 为 100，高光点的长轴与短轴之比最大。各向异性着色方式适合于模拟毛发、玻璃、磨砂金属等材质。

2．Blinn 高光圆滑着色方式

这种着色方式与 Phong 着色方式有着相似的着色效果，只有微妙的差别。通常其表面高光与暗调之间的反差较小，因此 Blinn 材质表面看起来比较暗淡，有磨砂般的质感。

3．Metal 金属着色方式

这是一种排除了高光参数设置的着色方式。可以观察到使用这种着色方式的材质有一个很显著的特征，即在材质基本控制参数面板中没有了 Specular 部分。这样 Metal 材质的表面颜色和明暗特性则只能由材质的 Diffuse 颜色成分以及高光材质的高光曲线来决定。对于 Phong 材质，它们表面的颜色成分是由 Diffuse 与 Specular 的颜色成分共同决定的。另外原本对于 Phong 材质起很大作用的 Soften 功能选项在 Metal 类材质中没有了。图中展示了一个采用了 Metal 着色方式的材质，以及其几个主要控制参数在材质编辑器中呈现的状态示意。

4．Multi-Layer 复合层着色方式

类似于各向异性着色方式，但可以产生比各向异性着色方式更复杂的高光效果。该模式有两个高光层，可分别进行设置。

5．Oren-Nayar-Blinn 着色方式

用于纺织品、粗陶等粗糙表面。

6．Phong 精细着色方式

这种着色方式采用了与 Blinn 相同的材质特性，但是由于它包含了对物体表面光滑组、共同面特性的处理算法，所以由它可以在物体表面产生精细而传神的渲染效果。可以精确地渲染 Bump（凹凸），Opacity（不透明），Shininess，Specular 和 Refection 贴图。

7．Strauss 着色方式

用于金属或非金属表面。

8．Translucent Shader 半透明着色方式

能指定材质的透明度，既能让光线透过物体，又能散射出物体本身的光线。用于模拟蚀刻玻璃。

• 2-Sided 为双面材质选择项。双面材质用于可以透过物体表面看到另一面的情况，如玻璃、线框等。因此，网格材质一般选择双面类型。

• Wire 为网格材质选择项。给物体赋予网格材质将使物体在最后渲染生成的图像中以网格形状显示。

• Face Map 为面贴图方式选择项。选择该项时，贴图将被自动设定到物体的每一个面上。

• Super Sample 为超样本选择项。选择超样本选择项，渲染器将对材质的反射高光区域作特殊的平滑优化。因为选择这个选项将严重减慢渲染的速度，除非对图像的平滑程度有特殊需要，否则不要选择它。

• Ambient 为环境反射光颜色设置与显示。环境反射光主要反映的是材质阴影部分的颜色。选择 Ambient 后，在 R，G，B 编辑栏内将显示 Ambient 环境反射光颜色的 RGB 值；在 H，S，V 编辑栏内将显示 Ambient 环境反射光颜色的 HSV 值。并可在 R，G，B 或 H，S，V 编辑栏内修改其颜色，也可单击其后的色块设置其颜色。

• Diffuse 为漫反射光颜色设置与显示。选择 Diffuse 后，在 R，G，B 编辑栏内将显示 Diffuse 漫反射光颜色的 RGB 值，在 H，S，V 编辑栏内将显示 Diffuse 漫反射光颜色的 HSV 值。并可在 R，G，B 或 H，S，V 编辑栏内修改其颜色，也可单击其后的色块设置其颜色。

• Specular 为镜面反射光颜色设置与显示。镜面反射光主要反映的是材质高光部分的颜色。选择 Specular 后，在 R，G，B 编辑栏内将显示 Specular 镜面反射光颜色的 RGB 值，在 H，S，V 编辑栏内将显示 Specular 镜面反射光颜色的 HSV 值。并可在 R，G，B 或 H，S，V 编辑栏内修改其颜色，也可单击其后的色块设置其颜色。

环境反射光、漫反射光和镜面反射光是材质的三种基本反射特性。其中漫反射光（Diffuse）对材质的影响最大，且最容易确定。

• Filter 为过滤色设置与显示。

• Ambient 与 Diffuse 之间的锁定按钮 ▦ 是用于锁定 Ambient 环境反射光颜色与 Diffuse 漫反射光颜色的。锁定后，Ambient 环境反射光颜色将改变成与 Diffuse 漫反射光相同的颜色。再次单击锁定按钮可解除锁定。

• Diffuse 与 Specular 之间的锁定按钮 ▦ 是用于锁定 Diffuse 漫反射光颜色与 Specular 镜面反射光颜色的。锁定后，Specular 镜面反射光颜色将改变成与 Diffuse 漫反射光相同的颜色。再次单击锁定按钮可解除锁定。

• Diffuse，Specular 和 Filter 之后的空白按钮是分别用于指定漫反射、镜面反射和过滤式贴图的。环境反射贴图默认为锁定状态。单击空白按钮后的锁形按钮使其弹起，Ambient 就会出现一个空白按钮。这时，环境反射贴图改为非锁定状态。单击此空白按钮可指定环境反射贴图。

• Specular Level 为材质的反光参数。它决定镜面反射高光的强度。

• Glossiness 用于设置高光区的大小。

• Self-Illumination 为材质的自发光参数。通过减少材质的 Ambient 成分来模拟物体自发光的效果。Self-Illumination 参数值增大到最大值 100 时，材质的表面不再投射任何阴影。

• Opacity 为材质的不透明度百分比。100% 为完全不透明，0 为完全透明。

• Specular Level，Glossiness，Self-Illumination 和 Opacity 之后的空白按钮是分别用于指定反光强度贴图、反光贴图、自发光贴图和不透明度贴图。

（三）材质扩展参数

在 Extended Parameters 卷展栏列出了材质的扩展控制参数。如图 2.6.2 所示。

1. Advanced Transparency 栏为材质不透明扩展控制参数。

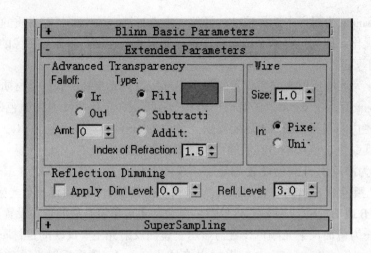

图 2.6.2

- Falloff：透明衰减控制单元。
- In/Out：透明衰减方式功能选项。当选择 Out 时，物体表面法向量与视线的夹角越大，表面越透明；选择 In 则相反，物体表面法向量与视线的夹角越小，表面越透明。选择 In 时，材质中心比边缘透明；选择 Out 时，材质边缘比中心透明。
- Amt：透明衰减强度控制。

在 3ds max 中，处理材质的透明有 3 种方法，即 Filter，Subtractive 和 Additive。

- Filter：过滤器透明法。这种方法是使用一种特定的透射颜色为材质的背景上色。缺省情况是使用这种方法。它可以提供最自然的透明效果。
- Subtractive：减透明法。这种方法是将材质的颜色减去背景的颜色，使材质背景的颜色变深。它只是单纯地加入材质的透明效果，并保留 Diffuse 的特性。
- Additive：加透明法。这种方法是将材质的颜色加入背景颜色中，材质的颜色变浅。一般适用于生成光柱、烟雾等效果。
- Index of Refraction：折射以用光影追踪设置。指定在光线跟踪和折射贴图中使用的折射率。透明物体背后的物体会产生不同程度扭曲变形的效果。下表列出了一些常见物体的折射率。

表 2.6.1　常见物体的折射率

材　质	折 射 率	材　质	折 射 率	材　质	折 射 率
真空	1.0	空气	1.0003	水	1.333
冰	1.309	玻璃	1.5～1.7	光学玻璃	1.520
酒精	1.329	威士忌	1.360	绿宝石	1.57
红宝石	1.77	蓝宝石	1.77	钻石	2.417

2.Wire 栏为网格参数控制参数。用于网格材质的网格尺寸控制。

- Size：网格尺寸。

- In/Pixels：以像素为测量单位。
- In/Units：以单位长度为测量单位。

网格尺寸使用像素为单位时，物体线框的粗细根据屏幕的像素点的大小决定，因此无论物体距离摄像机多远，它的线框粗细不变。如网格尺寸使用单位长度为单位，线框的粗细将会随距离摄像机的远近不同而改变。

3.Reflection Dimming 栏为反射模糊控制参数。

- Apply：执行。
- Dim Level：模糊等级设置。
- Refl.Level：反射等级设置。

（四）SuperSampling 超级采样控制参数

在 SuperSampling 卷展栏列出了材质的超级采样控制参数。如图 2.6.3 所示。

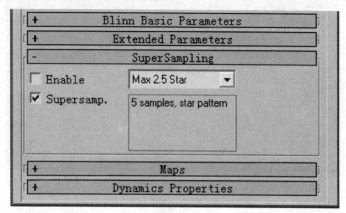

图 2.6.3

SuperSampling 用于抗锯齿。

- Enable Sampler：指定使用 SuperSampling。
- Supersample Texture：指定贴图是否使用 SuperSampling。

可在列表框中选择如下超级采样方法。

- Adaptive Halton：沿像素的 X 轴和 Y 轴进行半随机取样。
- Adaptive Uniform：在像素点周围的均匀间隔上取样。
- Hammersley：在沿 X 轴的均匀间隔上取样，但沿 Y 轴进行随机取样。
- Max 2.5 Star：分别沿 X 轴和 Y 轴提取 4 个样本。

（五）贴图控制参数

在 Maps 卷展栏列出了材质的贴图控制参数。MAX 中有 12 个贴图控制通道，如图 2.6.4 所示。环境光纹理贴图缺省处于锁定状态，单击长按钮后的锁形按钮，可解除锁定。

MAX 中的 12 个贴图控制通道可以分为 6 类：纹理贴图、自发光贴图、反光贴图、不透明贴图、凹凸贴图和反射贴图。它们之间是相互作用的。通过它们的组合使用，可以设计出千变万化的材质。

- Ambient：环境光纹理贴图控制通道。

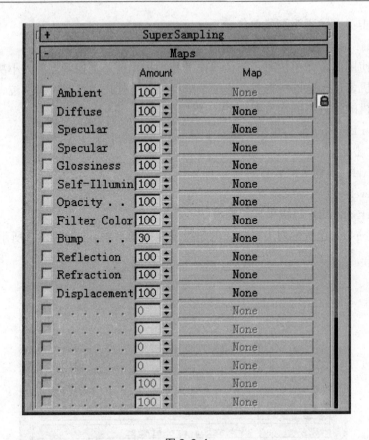

图 2.6.4

- Diffuse：漫反射纹理贴图控制通道。Diffuse 纹理贴图是应用最多的基本贴图通道。主要用于表现物体表面的颜色、图案等特性。Diffuse 纹理贴图常使用位图作为贴图。
- Specular Color：高光色彩贴图控制通道。
- Specular Level：高光级别贴图控制通道。
- Glossiness：光泽度贴图控制通道。
- Self-Illumination：自发光贴图控制通道。
- Opacity：不透明贴图控制通道。不透明贴图是利用贴图的灰度来控制物体的透明效果。贴图的暗调部分使材质表现为不透明，贴图的高光部分使材质表现为透明。
- Filter Color：过滤式贴图控制通道。
- Bump：凹凸贴图控制通道。凹凸贴图是利用贴图的灰度来控制物体表面的凹凸效果。它用贴图的暗调部分表现凹陷的效果，用贴图的高光部分表现凸起的效果。凹凸效果的强弱取决于贴图的明暗反差大小。
- Reflection：反射贴图控制通道。反射贴图用于表现光滑物体表面反射环境的效果。有两种方法：使用位图和使用自动反射类贴图材质。
- Refraction：折射贴图控制通道。折射贴图用于表现光滑物体表面折射环境的效果。

有两种方法：使用位图和使用自动折射类贴图材质。

- Displacement：位移贴图控制通道。

在 Maps 卷展栏，单击任一没有施加贴图的贴图长按钮，将出现 Material/Map Browser 材质浏览器对话框。可在材质浏览器中选择一种材质作为贴图。这时，材质编辑器将根据你所选择的不同贴图类型而出现不同的卷展栏。如果选择的贴图是位图 Bitmap，材质编辑器将出现 Coordinates，Noise，Bitmap Parameters，Output 和 Time5 个卷展栏。Coordinates 和 Noise 卷展栏如图 2.6.5 所示，Bitmap Parameters 卷展栏如图 2.6.6 所示，Output 和 Time 卷展栏如图 2.6.7 所示。

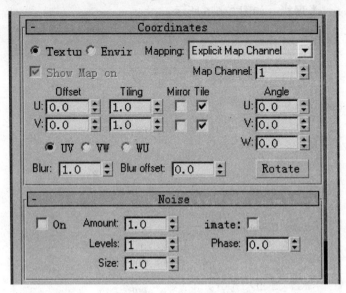

图 2.6.5

Coordinates 卷展栏（图 2.6.5）的参数用于贴图坐标的设置，即设定贴图在场景中物体表面上的位置。

- Texture：纹理贴图方式。
- Environ：环境贴图设置。
- Mapping：贴图方式下拉式选择列表框。
- Offset：贴图位置偏移值。Offset 为贴图在物体表面 U，V 坐标轴方向上的偏移量。
- Tiling：贴图平铺次数。当选择 Tile 时，Tiling 为贴图在物体表面 U，V 坐标轴方向上的平铺次数。当选择 Mirror 时，Tiling 为贴图在物体表面 U，V 坐标轴方向上对称的一边的平铺次数。
- U，V，W：物体的局部坐标轴。U 和 V 是指物体表面平面内互相正交的两个坐标轴，W 是指垂直物体表面的坐标轴。
- Mirror/Tile：贴图镜像/平铺开关。
- UV/VW/WU：贴图平面（轴向）选择。
- Blur：贴图模糊数值设置栏。
- Blur Offset：贴图模糊偏移数值设置栏。
- Show Map on Back：在背面显示贴图。

- Angle：贴图旋转角度。
- Rotate：贴图旋转执行按钮。

Noise 卷展栏（图 2.6.5）用于给贴图加噪声，使其产生模糊效果。

- On：噪声效果开关。
- Animate：动画开关。
- Amout/Levels/Size：噪声强度/噪点等级/噪点大小。
- Phase：状态。

Bitmap Parameters 卷展栏，如图 2.6.6 所示。

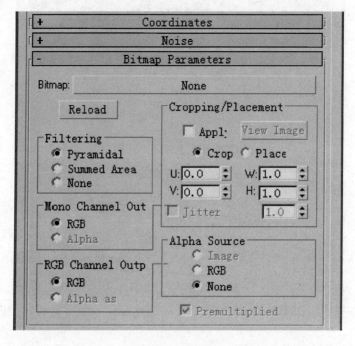

图 2.6.6

- Bitmap：位图选择按钮。按此按钮，可选择用于贴图的位图文件。
- Reload：重载位图。在位图文件做过修改后，按此按钮可读入位图文件的新内容，从而刷新贴图。
- Filtering：过滤器设置单元。
- Pyramidal：Pyramidal 过滤方式。
- Summed Area：Summed Area 过滤方式。
- None：取消过滤方式。
- Mono Channel Output：单通道输出。
- RGB Intensity：RGB Intensity 选项。
- Alpha：Alpha 选项。
- RGB Channel Output：RGB 彩色通道输出。
- RGB：RGB 选项。

- Alpha as Gray：Alpha 灰度选项。
- Cropping/Placement：裁剪/位移参数。
- Apply/View Image：刷新/显示图像。
- Crop/Place：剪裁图像/重置图像。
- UV/WH：UV/WH 参数设置。
- Jitter Placement：抖动参数。
- Alpha Source：Alpha 通道来源。
- Image Alpha：图像 Alpha 通道。
- RGB Intensity：RGB 明暗度。
- None（opaque）：没有（透明）。
- Premultiplied Alpha：预增加的 Alpha 通道。

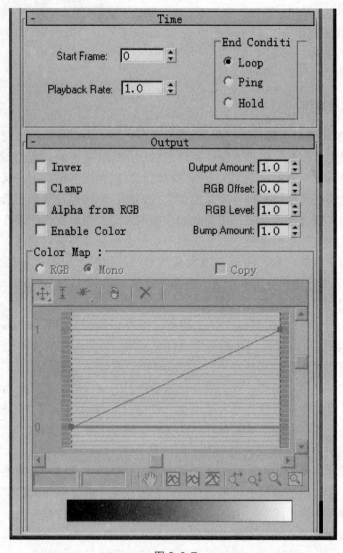

图 2.6.7

Output 卷展栏用于控制位图输出到贴图的方式，如图 2.6.7 所示。

- Invert：位图颜色值取反功能选项。
- Clamp：堆。
- Alpha from RGB Intensity：描述 RGB 亮度的 Alpha 通道。
- Output Amount：位图输出强度。
- RGB Offset：RGB 颜色通道偏移值。
- RGB Level：RGB 颜色等级。
- Bump Amount：位图凹凸效果强度。

Time 卷展栏用于动画控制，如图 2.6.7 所示。

- Start Frame：起始帧。
- Playback Rate：回放周期。
- End Condition：结束条件。
- Loop：回放功能选项。
- Ping Pong：乒乓。
- Hold：控制。

二、材质库的管理与操作

（一）材质库的收集与管理

制作建筑效果图，收集、整理、制作和管理材质是非常重要的。我们知道各种各样的建筑使用的建筑材料有千千万万，而实际上每一种建筑材料在很多情况下，又会给我们多种不同的视觉效果，我们必须设计多种材质来模拟它。因此，制作建筑效果图所需要的材质数量是惊人的。将材质有效地管理起来，可使我们在使用时能方便地找到所需要的材质。

用于处理材质的文件是很多的。如果我们不加分类地全部将它们放在一个目录中，当我们要寻找所需要的文件的时候，将要花掉大量的时间。我们可以有一套适合自己的管理方法。以下是 MAX 文件管理和材质库收集、整理的建议：

1. 将特定项目所需要的全部文件组织在一个专门的目录结构中

3ds max 中，一个项目要用到的文件主要有：保存场景的文件（＊.max）、材质库文件（＊.mat）、用于贴图的位图文件。在做某个项目时，我们可将所用的文件全部组织在一个目录中。当我们要用到光盘上或其他目录的资源文件时，我们不直接使用它们，而是先将它们复制到这个目录中再使用。这样，我们要备份这个项目的文件时，就只要备份这个目录的全部文件就可以了。将这个项目提交给人家，也只要将这个目录的全部文件复制出来就行了。这种做法的缺点是，要在硬盘上重复保存相同文件，浪费了硬盘空间。

2. 分门别类地将材质位图文件组织在不同的目录中

我们可以将保存场景的文件、材质库文件和贴图的位图文件分别放在不同的目录中：将用于材质的位图文件与用于背景的位图文件分开存放；用于墙体贴图的位图文件与用于地面贴图的位图文件分开存放。组织一个好的目录结构对我们寻找文件很有益处。

3. 使用更有提示意义的目录名和文件名

现在的 Windows 操作系统的文件名不受八个字符长度的限制。要充分利用这一点。在创建目录和文件的时候，花一些时间思考一下，给你的文件起个易懂的更能表达文件内容的名字。对于一个木纹材质贴图位图，WOOD.BMP 可能是一个好的名字，但是若你有很多种木纹材质，一段时间后，你将不会记得这个木头是枫木、桉树、软木还是松树。文件名WOOD01.BMP也是没有帮助的，除非你正在使用一个功能强大的位图浏览器，并且不介意在数百个文件之间来回切换。也可以用同样的方法给材质库命名。像 LIBRARY.MAT 之类的名字对库的内容没有任何提示，除非它是你使用的唯一材质库。根据项目或者包含在其中的材质内容命名材质库文件，可以使得在文件管理器中进行文件查找这一工作变得非常容易。

4. 命名材质的各个层次

3ds max 的材质是一个树形结构，我们不仅可以对整个材质命名，也可以对各个子材质及材质的各层次命名。它们都会有一个缺省的名字。但缺省的名字不能表达清晰的含义。如果材质比较复杂，一段时间后，我们将会忘掉当初材质的构造。因此，给材质的各层次取个合适的名字，将有助于我们今后使用。

5. 在项目完成之前，不要抛弃生成的任何东西

用户常常在项目进行中改变他们的主意。在工作中，用户常常会要求你改变当前的工作，而后又让你抛弃修改后的工作，回到原来的方案继续修改。如果你用修改后的内容覆盖了原来的工作，那将是很大的损失。当正在修改的时候，不要覆盖原来的工作。在修改之前，保存当前的工作，以便需要的时候重新使用它。创建使用中所有的备份，并使用备份文件开始修改工作。现在，硬盘空间非常便宜，如果你需要空间的话，可以购买大容量硬盘。使用 FAT32 或 NTFS 硬盘分区格式可支持大于 2G 的容量并且运行更快速。

6. 创建材质库文件。

在一个材质库文件中包含太多材质的时候，材质浏览器显示库中的所有材质将要花费很长的时间。因此，按照不同需要建立更合理、更小的材质库文件，能使 MAX 运行效率更高，也更便于我们浏览和寻找材质。

7. 经常光顾有关网站，获取最新资料

开发 3ds max 的 Autodesk 公司设立的网站（http://www.discreet.com），自然是个不错的去处。在这里你可以得到 3ds max 的最新信息、未来的软件版本和外挂模块的发展情况。你也可以询问问题和下载软件。

在笔者的个人主页上（www.adri.scut.edu.cn/lyx）也会为大家提供图形图像处理方面的最新进展，及免费提供材质方面的资料。

（二）如何设计新材质

获取材质的办法无非是购买和朋友们互相交流或自己动手制作。自己动手自然是很费力的，能买到或能从朋友处得到是省时省力的。不过，要制作出有特色的建筑效果图，必须学会自己动手制作材质。

在设计新材质的时候，我们通常是先建立一个"材质实验室"，即建立一些简单的场景来设计材质，而不是在一个实际项目的复杂场景中进行试验。这样，我们可以通过快速渲染，能够反复修改材质参数，反复渲染观看渲染后的图像效果，以便将材质最终调整到满意的效果。

下面我们就来建立一个"材质实验室"，学习一下如何设计材质。

1. File/Reset 重置 MAX。

2. 在 Top 视图中，建立一个六面体 Box01 作为展示面板，建立三个球体 Sphere。在 Front 视图中，将三个球体 Sphere 移动到六面体 Box01 上部。如图 2.6.8 所示。

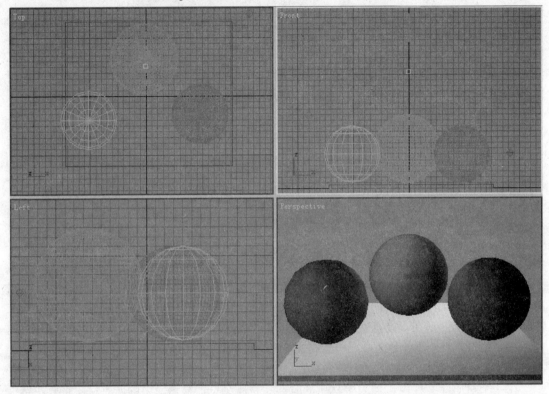

图 2.6.8

下面我们可以建立自己的光源，以便观察材质在一定灯光照射下的效果。

3. 在六面体 Box01 的左前上方和右后下方各建立一盏泛光灯 Omni。在六面体 Box01 的上方建立一盏目标聚光灯 Target Spot。如图 2.6.8 所示。

4. 单击工具条上的 Material Editor 按钮。

5. 单击材质编辑器第一个样本视窗。选择左边的球体，单击 Assign Material to Selection 按钮，将材质 Material ＃1 赋予左边的球体 Sphere01。

6. 单击材质编辑器第二个样本视窗。选择中间的球体，单击 Assign Material to Selection 按钮，将材质 Material ＃2 赋予中间的球体 Sphere02。

7. 单击材质编辑器第三个样本视窗。选择右边的球体，单击 Assign Material to Selection 按钮，将材质 Material ＃3 赋予右边的球体 Sphere03。

8. 单击材质编辑器第二排第三个样本视窗。选择六面体 Box01，单击 Assign Material to Selection 按钮，将材质 Material ＃9 赋予六面体 Box01。

9. 单击材质编辑器的 Type 按钮（样本窗口右下方现在为 Standard 的按钮），将出现 Material/Map Browser 材质浏览器。在 Browse From 栏内选择 New，在 Show 栏内选择 All。

10. 在材质浏览器中，选择 Multi/Sub-Object 子材质类型。

11. 在材质编辑器中，单击 Set Number 按钮，输入 1。

12. 单击子材质长按钮，进入子材质的编辑。

13. 在 Maps 卷展中，单击 Reflection 反射贴图控制通道的长按钮，将出现 Material/Map Browser 材质浏览器。在 Browse From 栏内选择 New，在 Show 栏内选择 All。

14. 在材质浏览器中，选择 Flat Mirror 平面镜材质类型。

15. 在材质编辑器中，单击 Go to Parent 按钮，再单击 Go to Parent 按钮。如图 2.6.9 所示。

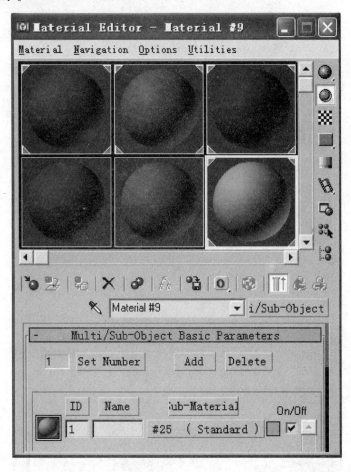

图 2.6.9

这时，在材质编辑器中，第一排三个样本视窗及第二排第三个样本视窗的四角都有白色三角形，表示它们代表的材质都已赋予场景中的物体。我们称这些材质为热材质。

16. 将鼠标左键按住第一排第一个样本视窗，拖动鼠标到第二排第一个样本视窗，再松开鼠标左键。

这时，第二排第一个样本视窗变成了红色球，材质名变成了与第一排第一个样本视窗一样的材质名。它们是同名材质，不同的是现在第二排第一个样本视窗代表的材质没有赋予场景中的物体，我们称它为暖材质。

17. 单击第二排第一个样本视窗，在 Basic Parameters 卷展栏选择 2-Sided（双面材质）和 Wire（网格材质）。

这时，第二排第一个样本视窗变成了红色网格球，但场景并未发生变化。修改暖材质不会影响场景物体的材质。

18. 单击第二排第一个样本视窗，单击 Put Material to Scene 按钮 。如图 2.6.10 所示。

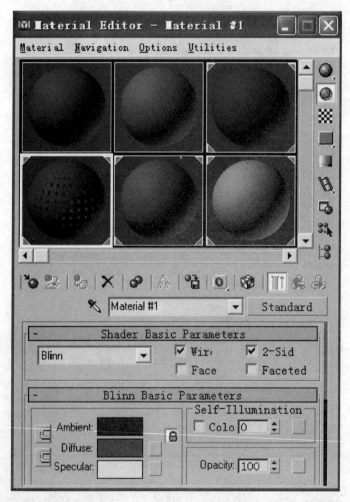

图 2.6.10

这时，第二排第一个样本视窗的四角出现了白色三角形，而第一排第一个样本视窗四角的白色三角形消失了，场景中的左边球体变成了网格状。第二排第一个样本视窗的材质变成了热材质，第一排第一个样本视窗的材质变成了暖材质。

我们实际上可以复制更多的暖材质。这样，我们可分别修改它们的材质参数，分别将它们应用于场景进行比较，最终试验出我们最满意的材质。

19. 同上方法，将 Material #2 材质复制到第二排第二个样本视窗。在 Reflection 反射贴图控制通道上应用一个 Reflect/Refract 自动反射折射贴图。将新的材质应用于场景。

20. 单击工具条上的 Quick Render 按钮 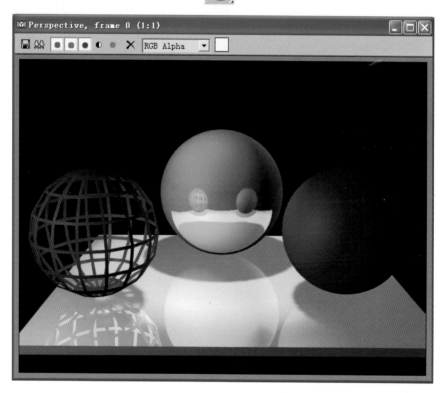。渲染后的图像，如图 2.6.11 所示。

图 2.6.11

图 2.6.11 中，顶部有一排按钮。前三个红、绿、蓝按钮是控制图像红、绿、蓝三个通道显示的。Display Alpha Channel 按钮 用于显示 Alpha 通道。有关通道的概念见第三章 3.2 节。Alpha 通道对于以后在图像处理软件（如 Photoshop）中进一步加工图像很有用。Monochrome 按钮 用于显示图像的单色效果。Save Bitmap 按钮 用于将渲染生成的图像保存起来，以便在图像处理软件中进一步加工，或输出。单击该按钮后，将出现 Browse Images for Output 对话框。可在这个对话框中选择文件名及用什么图像格式保存。

21. 单击 Save Bitmap 按钮 ，出现 Browse Images for Output 对话框。在 List files of type 列表框中选择 Targa Image File（TGA 文件格式），在 File name 文件名框中输入 testmat。单击 OK 按钮确认，即可将渲染生成的图像保存在 testmat.tga 文件中。此处为了保存 Alpha 通道，选择了 TGA 文件格式，实际上也可以选择 TIFF 文件格式。

（三）如何建立材质库

1. 单击工具条上的 Material Editor 按钮 ▓ 。

2. 单击材质编辑器第一个样本视窗。

3. 单击材质编辑器上的 Get Material 按钮 ▓ ，将出现 Material/Map Browser 材质浏览器。在 Browse From 栏内选择 Mtl Library，在 File 栏内单击 Open 按钮，将出现 Open Material Library 对话框。选择一个材质库文件（此处是选择了 Wood.mat）。如图 2.6.12 所示。

4. 双击材质浏览器中的材质，当前样本视窗将被设置为该材质，也可将材质浏览器中

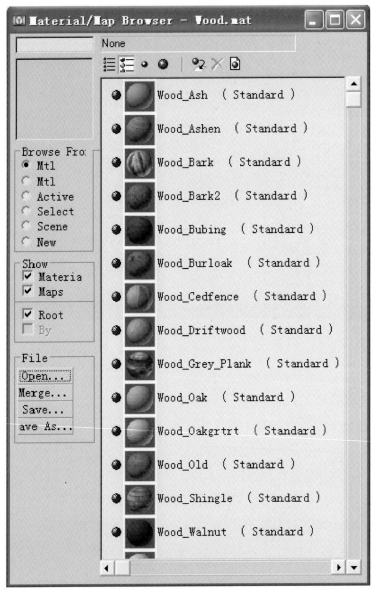

图 2.6.12

94

的材质拖动到样本视窗中。

5. 单击 Material/Map Browser 材质浏览器上的 Clear Material Library 按钮，并确定。这时，材质浏览器上的材质都没有了。

但请注意，此时只是清除了内存中的内容，而并没有清除文件 Wood.mat 中的材质。这时，若再单击 Save 按钮，保存到文件 Wood.mat 后，文件 Wood.mat 中的材质就真正被清除了。

6. 单击材质编辑器第一个样本视窗，单击材质编辑器上的 Put to Library 按钮 ，并确定。这时，材质浏览器上出现了第一个样本视窗的材质。也可将样本视窗中的材质拖动到材质浏览器中。

7. 单击 Material/Map Browser 材质浏览器上的 Save as 按钮，将出现 Save Material Library 对话框。输入材质库名（mymat），就将新的材质库保存起来了。

三、3ds max 的贴图技术

（一）贴图类型

单击材质编辑器的贴图长按钮，将出现 Material/Map Browser 材质浏览器。在 Browse From 栏内选择 New，在 Show 栏内选择 All。如图 2.6.13 所示。

材质浏览器右边的列表框中，列出了所有贴图类型。

• Bitmap 为位图贴图。用于贴图像软件生成的或扫描进去的图片。该功能最为常用。

• Checker 为棋盘格贴图。默认状态是一个黑白相间的棋盘格贴图，但两种颜色都可以更改，也可以将其指定为两个贴图。利用棋盘格贴图，很容易生成常用于地面的两个贴图相间的棋盘格材质。

• Composite 为组合贴图。

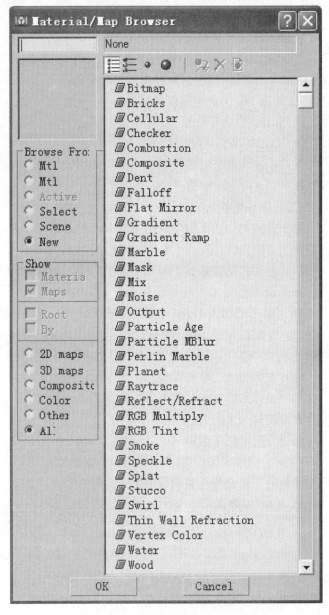

图 2.6.13

- Dent 为凹凸贴图。用于在材质上生成凹凸不平的效果。
- Flat Mirror 为平面镜贴图。用于生成能反射周围环境的材质，如门窗玻璃、打蜡的地板、磨光的大理石地面等。但只用于平面物体，在曲面物体上用 Reflect/Refract 反射折射贴图效果好一些。
- Gradient 为渐变贴图。使材质产生从一种颜色向另一种颜色的渐变。
- Marble 为大理石贴图。
- Mask 为蒙板贴图。
- Mix 为混合贴图。
- Noise 为噪声贴图。
- Planet 为行星贴图。
- Reflect/Refract 为反射折射贴图。用于生成能自动反射周围环境的材质。在曲面物体上用 Reflect/Refract 反射折射贴图效果较好。
- RGB Tint 为红绿蓝调色贴图。
- Smoke 为烟雾贴图。
- Speckle 为斑点贴图。
- Water 为水波贴图。
- Wood 为木纹贴图。

（二）贴图坐标

贴图贴到物体表面的什么位置及以何种方式贴上去呢？这就要用到贴图坐标。贴图坐标一般分为 4 类：

（1）内建式贴图坐标。即 MAX 为物体预设的贴图坐标。

如果没有指定贴图坐标，在渲染时，MAX 2.0 以上版本会自动对物体应用内建式贴图坐标。用材质贴图 Coordinates 卷展栏的参数可控制内建式贴图坐标方式。

（2）外部指定的贴图坐标，是指使用 UVW Mapping 贴图修改器，手工编辑贴图坐标。

（3）放样物体的贴图方式。

（4）面式贴图方式。在材质基本参数 Basic Parameters 中，选择 Face Map，可将贴图贴到物体表面的每一个面上。

（三）UVW 贴图坐标

UVW 为物体表面局部坐标系的三个坐标轴。一般 UV 是指物体表面平面内互相正交的两个坐标轴，W 是指垂直物体表面的坐标轴。

1. File/Reset 重置 MAX。

2. 单击屏幕右上角命令面板的 Create 图标 ，再单击 Geometry ，再单击 Box 按钮。在 Front 视图中，建立一个六面体（Length：1200，Width：2400，Height：120）。

3. 单击工具条上的 Material Editor 按钮 。

4. 单击材质编辑器第一个样本视窗。在 Maps 卷展栏，单击 Diffuse 贴图长按钮，将出现 Material/Map Browser 材质浏览器。在 Browse From 栏内选择 New，在 Show 栏内选择

All。在材质浏览器中，选择 Bitmap 贴图类型。

5. 用鼠标左键单击 Bitmap Parameters 卷展栏 Bitmap 后的长空白按钮。这时将出现 Select Bitmap Image File 对话框。选择贴图用的图像文件，这里用的是 JPEG 格式的红砖墙贴图文件 Brick.jpg。如没有这个文件可去笔者的网页下载，或用其他图像文件代替，并不会影响以下操作。

6. 选择六面体，单击材质编辑器上的 Assign Material to Selection 按钮 ，将材质赋予六面体。

7. 单击命令面板上的 Modify 图标 。将命令面板往上推，我们可看到 Generate Mapping Coords. 没有被选择。

8. 单击材质编辑器上的 Show Map in Viewport 。如图 2.6.14 所示。

图 2.6.14

这时，我们可看到命令面板上的 Generate Mapping Coords 自动选择上了。这表示物体被自动应用了内建式贴图坐标。同时，我们可数出竖向刚好是 20 块砖。若砖厚度按 60 毫米计，1200 毫米刚好也是 20 块砖的厚度之和。因此，可认为这时候的贴图符合实际情况。

9. 单击命令面板上的 Modify 图标 。在 Parameters 卷展栏，将六面体尺寸改为：
    Length：600，Width：1200，Height：120。

这时，我们发现砖的块数没有改变，而实际上墙体两个方向的尺寸缩小了 1 倍，墙体两个方向所砌的砖块数也应减少 1 倍。

10. 将材质编辑器 Coordinates 卷展栏下 U，V 两个方向的 Tiling 数值都改为 0.5。如图

2.6.15 所示。

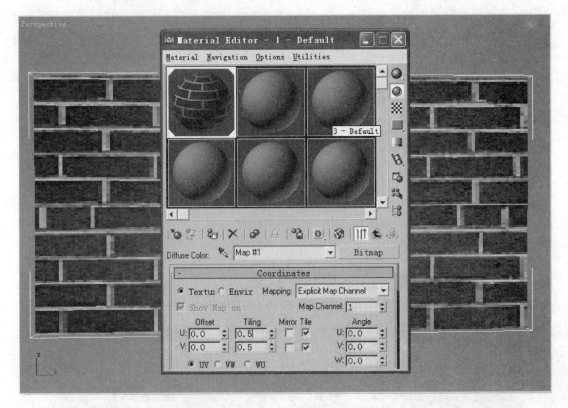

图 2.6.15

这时，我们再数砖块数，会发现两个方向的砖块数减少了 1 倍。这时候，砖块数与墙的尺寸吻合了。但是，若再改墙体尺寸，又要修改贴图平铺次数。下面，我们给六面体应用一个 UVW Mapping 修改器，看看情况又将如何。

11. 单击命令面板上的 Modify 图标 。单击命令面板上的 UVW Map 按钮，给六面体应用一个 UVW Mapping 修改器。

这时，我们发现贴图没有发生变化。

12. 在命令面板上，将修改器堆栈切换到 Box。将六面体尺寸改为：Length：1200，Width：2400，Height：120。

这时，我们再数砖块数，会发现两个方向的砖块数随着墙体尺寸的改变而改变了。但若对墙体作变换修改，则必须先在 UVW Mapping 修改器之前应用 XForm 修改器，再在 XForm 修改器上作变换修改，才可保证贴图正确。

2.7 高级建模技术

通过本章前六节的学习，我们已掌握了 MAX 的基本知识。下面我们来学习旋转体、放样建模等相对较难掌握的建模技术。应用 MAX 的高级建模技术，我们就可方便地建立建筑上复杂的模型，如古建筑屋顶、窗帘、花瓶等。

一、二维建模技术

使用 Create/Shape 命令面板建立的形物体，我们一般认为它们是二维的，且常常是利用它们来生成三维物体，而不直接用它们作为场景中的物体。但有些模型我们的确可直接用它们来建立。在建立 Shape 物体选择 Renderable，它们就能出现在渲染后的图像中。

1．File/Reset 重置 MAX。

2．单击屏幕右上角命令面板的 Create 图标 ⬚，再单击 Shapes 图标 ⬚。命令面板变成如图 2.7.1 所示。

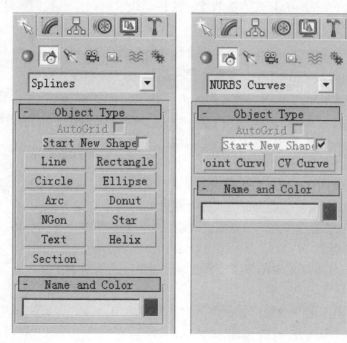

图 2.7.1

从面板的下拉式列表框中，可看到有两种 Shape 面板：Splines（样条曲线类）和 NURBS Curves（NURBS 曲线类）。

Splines（样条曲线类）面板中有 11 个工具：Line（线段），Rectangle（矩形），Circle（圆形），Ellipse（椭圆形），Arc（圆弧），Donut（圆环），NGon（多边形），Star（星形），Text（文字），Helix（螺旋线），Section（Section 框）。

Start New Shape 缺省为选择状态，表示每执行一个命令都新建立一个型。去掉该项选择，则建立复合型，所有命令建立的多个型组成一个复合型。Donut 和大部分 Text 型为复合型。

NURBS Curves（NURBS 曲线类）面板中有 2 个工具：Point Curve 和 CV Curve。

（一）建立线段

1．单击 Shape 面板的 Line 按钮。

2．在 Top 视图中，任意处单击鼠标左键输入线段的第一点。移动鼠标，我们可看到有一白色线段一端与刚输入的第一点连接,另一段跟随鼠标移动。再单击鼠标左键。这时,就建立了一个直线段。

3. 移动鼠标,按下鼠标左键,拖动鼠标到另一位置再松开鼠标左键。这时,就建立了一个曲线段。

4. 移动鼠标,单击鼠标左键,又建立了一个曲线段。

5. 移动鼠标到第一点的位置,单击鼠标左键。这时将出现 Spline 对话框,询问是否闭合样条曲线(Close Spline?)。肯定回答将结束命令。

不妨可以试试在中途单击鼠标右键会怎样。

(二)修改线段

如果要将直线段(Segment)改为曲线段、要移动线段的端点(我们称之为节点 Vertex)等都可用 Modify 命令面板来完成。

1. 确认线段处于选择状态,单击屏幕右上角命令面板的 Modify 图标 ▨ 。

2. 按下修改器堆栈列表框中 Line ▣ Line ,进入次物体选择状态。

3. 用鼠标右键单击第一点的位置,将弹出一菜单,可见到菜单 Corner 项呈选择状态。选择菜单的 Bezier 项。这时,将出现一带绿色端点的直线段。我们称这个直线段为切线手柄。移动切线手柄的端点可改变线段的曲率。

同时,我们在这个菜单中见到线段端点有如下 4 种属性:

• Smooth(光滑)节点两边的线段为曲线,且曲率相等。无切线手柄,曲率不可调整。

• Corner(直线尖角)节点两边的线段为直线。

• Bezier(贝塞尔曲线节点)节点两边的线段为贝塞尔曲线,有一个切线手柄。两边的线段均与切线手柄相切。

• Bezier Corner(贝塞尔尖角节点)节点两边的线段为贝塞尔曲线,有两个切线手柄分别用于调整节点两边线段的曲率。

4. 用鼠标右键单击第一点的位置,将节点属性改成以上 4 种,试试移动节点位置和调整切线手柄,观察样条线的变化效果。

(三)建立矩形

1. 单击屏幕右上角命令面板的 Create 图标 ▨ ,再单击 Shapes 图标 ▨ 。单击 Shape 面板的 Rectangle 按钮。

2. 在 Top 视图中,任意处按下鼠标左键,拖动鼠标到另一位置再松开鼠标左键。这时,就建立了一个矩形。

3. 增大命令面板 Parameters 卷展栏下的 Corner Radius 数值,可见到矩形的四角由直角变成了圆角。

(四)建立文字

1. 单击 Shape 面板的 Text 按钮。如图 2.7.2 所示。

2. 将 Parameters 卷展栏的 Size(文字高)设为 100.0,Kerning 和 Leading 设为 0.0。在 Text 文字编辑框中要建立的输入文字,如图 2.7.3 所示。

3. 在 Front 视图中,任意处按下鼠标左键。文字就建立好了。

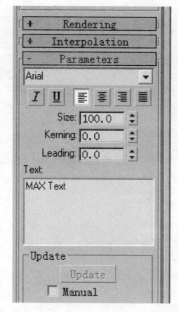

图 2.7.2

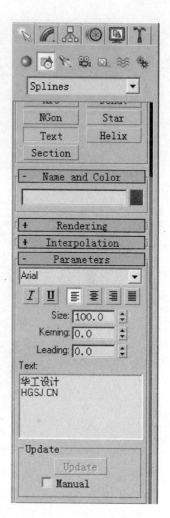

缺省情况，文字不参加渲染。下面我们将文字拉伸就可建立可渲染的物体。当然修改文字的建立参数，即将Parameters卷展栏的 Renderable 选择上，也可以使文字成为可渲染的物体。

4. 单击屏幕右上角命令面板的 Modify 图标 ，单击 Modify 命令面板的 Extrude 按钮。将 Parameters 卷展栏的 Amount 值设为 50.0。文字的效果如图 2.7.4 所示。

（五）建立螺旋线

1. 单击 Shape 面板的 Helix 按钮。

2. 在 Top 视图中，任意处按下鼠标左键，拖动鼠标到另一位置再松开鼠标左键。这时就拉出了一个圆形。向上

图 2.7.3

推动鼠标，再单击鼠标左键，就输入了螺旋线的高度。移动鼠标，再单击鼠标左键，从而决定 Radius2。螺旋线就建立好了。

这时，还可以在 Parameters 卷展栏中设置 Turns 等参数值。Parameters 卷展栏中共有 7 种参数：

* Radius1：螺旋线的起始圆周半径。
* Radius2：螺旋线的末端圆周半径。
* Height：螺旋线的高度。
* Turns：螺旋线从起始点到末端的旋转总圈数。
* Bias：默认值为 0，将使螺旋线沿高度方向均匀旋转。增大该数值，将使螺旋线越接近末端，相等高度的旋转圈数越多。

图 2.7.4

- CW：顺时针方向旋转。
- CCW：逆时针方向旋转。

（六）使用 Edit Spline 修改器修改型

二维型建立后，可用 Edit Spline 修改器修改。可以移动节点，修改节点的特性，删除节点、线段及将多个型组成复合型等。

二、旋转体建模

下面我们利用旋转体建模技术来做个高脚杯。

（一）建立高脚杯的剖面

1. File/Reset 重置 MAX。

2. 单击屏幕右上角命令面板的 Create 图标 ![icon]，再单击 Shapes 图标 ![icon]。

3. 单击 Line 按钮。

4. 在 Front 视图中，通过依次输入以下 8 个节点，建立高脚杯的竖向右半边剖面线。如图 2.7.5 所示。节点 1 为高脚杯的底部中心点，节点 4 为高脚杯的顶部杯缘处，节点 8 为高脚杯底座边缘处。

5. 输完节点 8 后，再用鼠标左键单击节点 1，结束 Line 命令，封闭多边形。

6. File/Save 保存场景到文件 glass .max 中。

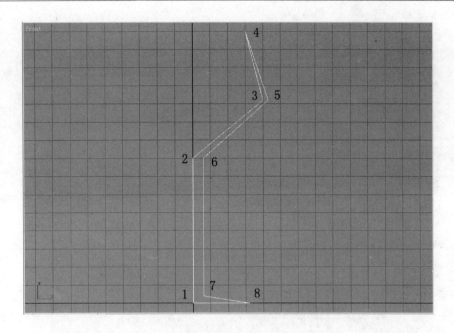

图 2.7.5

（二）修改高脚杯的剖面

现在高脚杯的剖面是一封闭的多边形，下面我们将其修改成曲线，使其符合实际情况。方法是用鼠标右键单击节点，修改节点的属性，使线段变为 Bezier 曲线。

1. 单击屏幕右上角命令面板的 Modify 图标 ，单击 Edit Spline 按钮。这时将处于次物体选择模式，视图中高脚杯剖面的节点上出现十字标记。

2. 单击工具条的 Select and Move 按钮 。

3. 用鼠标右键单击节点 3。

此时，在光标处将出现一下拉菜单，如图 2.7.6 所示。

4. 在菜单中选择 Bezier。

5. 用鼠标右键单击节点 5，同样选择 Bezier。

6. 选择节点，移动节点位置，调整线段的切线手柄改变线段的曲率，直到满意为止。如图 2.7.7 所示。

7. File/Save as 保存场景到文件 glass1 .max 中。

（三）生成旋转体

高脚杯剖面已完成了，下面我们使用 Lathe 修改器，将高脚杯剖面沿高脚杯的对称轴旋转生成旋转体。

1. 确认高脚杯剖面处于选择状态。单击屏幕右上角命令面板的 Modify 图标 ，单击 Lathe 按钮。

这时，旋转体产生了。但可能不是我们所希望的形状。

2. 向上推动 Modify 命令面板，直至看到 Parameters 卷展栏中的 Align 栏按钮。单击 Align 栏的 Min 按钮，将使旋转对称轴设定为高脚杯剖面的左侧。

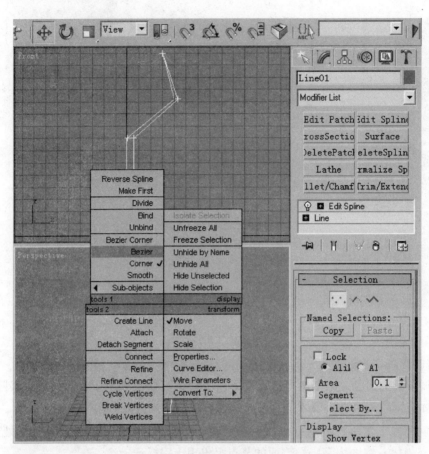

图 2.7.6

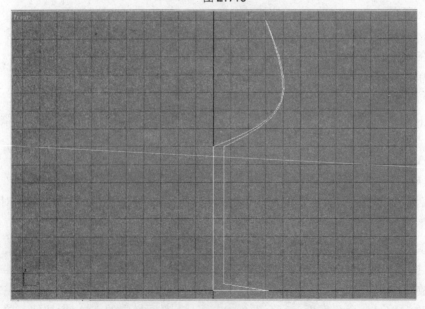

图 2.7.7

3. 将 Parameters 卷展栏中的 Segments 参数改为 32。

4. 在 Modify 命令面板的上方物体名称栏处，将物体名称由 Line01 改为 Goblet。

5. File/Save 保存场景到文件 glass1.max 中。

这时，我们就基本完成了高脚杯的建立。

（四）给高脚杯赋材质

1. 选择高脚杯 Goblet。

2. 单击工具条上的 Material Editor 按钮 ⬜。

3. 在材质编辑器中选择一个样本视窗。命名材质为 Goblet。

4. 单击 Assign Material to Selection 按钮 ⬜，将材质赋予高脚杯。

5. 单击 Blinn Basic Parameters 卷展栏 Diffuse 和 Ambient 之间的锁定按钮 ⬜，锁定 Diffuse 和 Ambient 颜色。

6. 选择 Diffuse 颜色，输入（R：80，G：200，B：130）。

7. 设置 Shininess 值为 55，Shin. Strength 值为 85，Opacity 值为 50。

8. 单击工具条上的 Quick Render 按钮 ⬜，渲染场景。如图 2.7.8 所示。

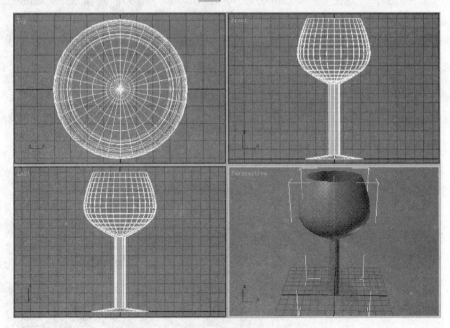

图 2.7.8

9. File/Save as 保存场景到文件 glass2.max 中。

三、放样建模技术

什么叫放样呢？假如我们建立一个玻璃瓶，我们可以画出瓶子不同高度处的截面，再将它们沿高度用很多竖向线条连接起来就可以了。放样正是类似这样。它需要放样路径（Path）和型（Shape）。放样路径就像玻璃瓶的竖向线条，型就像玻璃瓶不同高度处的截面。

（一）放样建模的方法及其使用限制

1. 放样建模的方法

（1）用 Shapes 命令面板的功能建立样条曲线、螺旋线等二维物体作为放样路径和型。

（2）选择作为型（或放样路径）的二维物体；在 Create 命令面板下，选择 Loft Object，再单击 Loft 按钮。

（3）单击 Get Path（或 Get Shape）按钮，选择作为放样路径（或型）的二维物体。

2. 放样建模的使用限制

用于放样建模的路径只能包含一条样条曲线。圆环、大多数 Text 型及包含两条或两条以上样条曲线的复合型均不能作为放样路径。

作为同一放样路径上处于不同位置上的型，包含的样条曲线数目必须相同。若使用嵌套型，那么放样路径上所有型必须具有相同的嵌套顺序。

（二）用放样建模方法建立一个圆柱

1. File/Reset 重置 MAX。

2. 单击屏幕右上角命令面板的 Create 图标 ，再单击 Shapes 按钮 ，再单击 Circle 按钮。

3. 在 Top 视图中，建立圆形 Circle01，半径 Radius 为 100；建立圆形 Circle02，半径 Radius 为 90。

4. 单击命令面板的 Line 按钮，在 Front 视图中，建立直线段 Line01，长度为 450。

5. 选择圆形 Circle01，单击屏幕右上角命令面板的 Create 图标 ，再单击 Geometry ，在命令面板的下拉列表中选择 Compound Objects。

6. 单击命令面板的 Loft 按钮，单击 Creation Method 卷展栏的 Get Path 按钮，选择直线段 Line01。如图 2.7.9 所示。

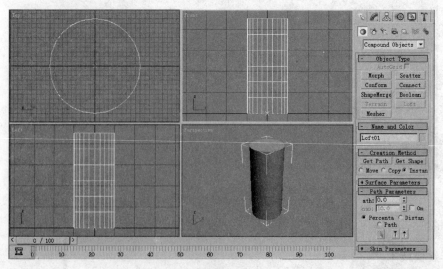

图 2.7.9

7. 在命令面板 Path Parameters 卷展栏的 Path 编辑框内输入 5。按下 Creation Method 卷展栏的 Get Shape 按钮，再选择圆形 Circle01。

8. 在命令面板 Path Parameters 卷展栏的 Path 编辑框内输入 10，按下 Creation Method 卷展栏的 Get Shape 按钮，再选择圆形 Circle02。

9. 在命令面板 Path Parameters 卷展栏的 Path 编辑框内输入 90，按下 Creation Method 卷展栏的 Get Shape 按钮，再选择圆形 Circle02。

10. 在命令面板 Path Parameters 卷展栏的 Path 编辑框内输入 95，按下 Creation Method 卷展栏的 Get Shape 按钮，再选择圆形 Circle01。

11. 在命令面板 Path Parameters 卷展栏的 Path 编辑框内输入 100，按下 Creation Method 卷展栏的 Get Shape 按钮，再选择圆形 Circle01。如图 2.7.10 所示。

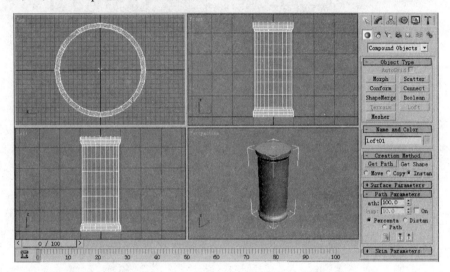

图 2.7.10

12. 选择放样物体 Loft01。

13. 单击工具条上的 Material Editor 按钮 。

14. 在材质编辑器中选择第一个样本视窗。单击材质编辑器 Blinn Basic Parameters 卷展栏中 Diffuse 参数后的空白按钮，将出现 Material/Map Browser 材质浏览器。在 Browse From 栏内选择 New，在 Show 栏内选择 All。在材质浏览器中，选择 Marble 大理石贴图类型。

15. 单击材质编辑器中 Assign Material to Selection 按钮 ，将材质赋予放样物体 Loft01。

16. 激活 Perspective 视图，单击工具条上的 Quick Render 按钮 ，我们就可看到渲染后的图像。

单击屏幕右上角命令面板的 Modify 图标 ，我们可看到命令面板上有一 Deformations 卷展栏。如图 2.7.11 所示。利用 Deformations 卷展栏上的工具可修改放样后的物体。

从图 2.7.11 中，我们可看到 Deformations 卷展栏上有 Scale，Twist，Teeter，Bevel，Fit 等 5 种修改工具。将 5 种修改工具组合起来使用，可使放样物体变化万千。

（1）Scale 为比例缩放修改工具。应用该工具可将放样物体沿放样路径在型的两个轴向

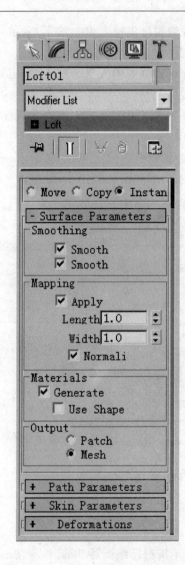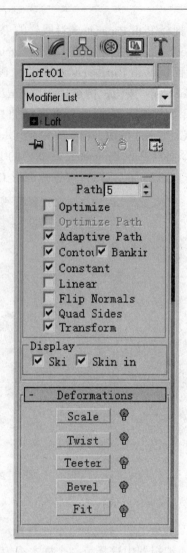

图 2.7.11

上进行比例缩放。单击Scale按钮后，将出现Scale Deformation对话框，在其中可定义放样路径各位置上X，Y两个轴向上比例缩放的百分比。

（2）Twist为扭曲修改工具。应用该工具可将放样物体绕放样路径产生扭转。与Scale比例缩放修改工具不同的是，Twist扭曲修改工具没有两个方向上的作用。

（3）Teeter为轴向扭转修改工具。应用该工具可将放样物体绕型的X，Y轴产生扭转。与Twist扭曲修改工具相同之处是都是产生扭转，不同的是Teeter轴向扭转修改工具可在X，Y两个轴向上产生作用。

（4）Bevel为斜切修改工具。应用该工具可将放样物体沿放样路径产生倒角效果。它没有两个方向上的作用。

（5）Fit为适配修改工具。应用该工具就像工业中的模具加工一样，先做好作为模具的型，再将放样物体在X，Y两个轴向上与作为模具的型相适配。

（三）用放样建模方法建立墙体

用放样建模方法建立墙体一般有如下方法：

（1）从楼面布置图拉伸。这种方法一般是先在 AutoCAD 中画好了楼面布置图，再将其引入 3ds max，并将其沿竖直方向放样。

（2）先用二维型建立墙体的正视图，并将其连接形成一个样条物体，再将其作为型沿墙体厚度方向放样。

四、布尔运算建模技术

布尔运算建模就是利用多个模型的布尔运算来生成新的模型。如在六面体中间挖一个圆柱形的洞，就是六面体与圆柱体作减运算。物体之间的布尔运算有 3 种类型：

（1）Union（并）：就是将两个物体合并为一个物体，并将重叠部分的面和节点删除。

（2）Intersection（交）：就是将两个物体合并为一个物体，将重叠部分保留，而将非重叠部分全部删除。

（3）Subtraction（减）：第一个物体减去第二个物体，将从第一个物体中去掉与第二个物体相重叠的部分。运算后生成的新物体是第一个物体中不与第二个物体相重叠的部分。如果两个物体不相交，则运算只是去掉第二个物体，结果是保留完全的第一个物体。

下面我们来用布尔运算建模的方法建立一个拱门。

1. File/Reset 重置 MAX。

2. 单击屏幕右上角命令面板的 Create 图标 ，再单击 Geometry ，再单击 Box 按钮。

3. 在 Front 视图中，建立六面体 Box01（Length：8000，Width：7000，Height：900）。

4. 单击工具条上的 Select and Move 按钮 ，选择 Tools/Transform Type-In 菜单，将六面体 Box01 移动到（0，0，4000）。

5. 在 Front 视图中，用同样方法建立六面体 Box02（Length：5000，Width：4000，Height：1200），并将其移动到（0，100，2500）。

6. 单击屏幕右上角命令面板的 Create 图标 ，再单击 Geometry ，再单击 Cylinder 按钮。

7. 在 Front 视图中，建立圆柱体 Cylinder01（Radius：2000，Height：1200）。

这里，将圆柱体的高定为比六面体的高略大一些，是为了避免以后的减运算出错。在进行布尔运算操作时，要特别小心程序出错。在进行布尔运算操作之前，最好先将场景以另一文件保存起来。

8. 单击工具条上的 Select and Move 按钮 ，选择 Tools/Transform Type-In 菜单，将圆柱体 Cylinder01 移动到（0，100，5000）。

9. Edit/Hold 暂时保存场景。如图 2.7.12 所示。

10. 选择圆柱体 Cylinder01。

11. 单击屏幕右上角命令面板的 Create 图标 ，再单击 Geometry ，选择 Compound Objects。这时，将出现 Compound Objects 组合物体的命令面板。

12. 单击组合物体命令面板 Object Type 卷展栏的 Boolean 按钮，在 Parameters 卷展栏的

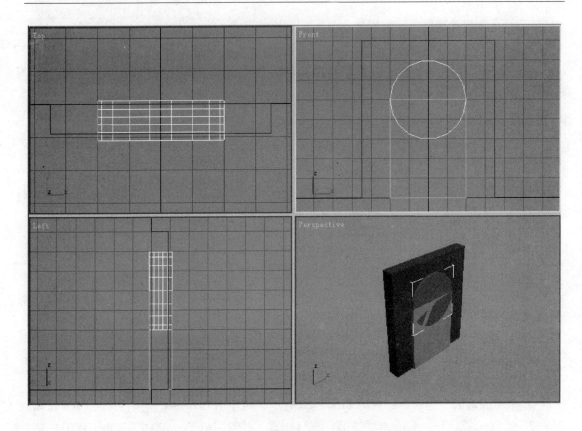

图 2.7.12

Operation 框中选择 Union 并运算。在 Pick Boolean 卷展栏中选择 Move。

13. 单击 Pick Boolean 卷展栏中的 Pick Operand B 按钮。选择六面体 Box02。

这时，圆柱体 Cylinder01 和六面体 Box02 变成一个物体了。新的物体名叫 Cylinder01。

14. 执行 Edit/Fetch 恢复保存的场景。

15. 选择圆柱体 Cylinder01。

16. 单击屏幕右上角命令面板的 Create 图标 ，再单击 Geometry ，选择 Compound Objects。

17. 单击组合物体命令面板的 Boolean 按钮，在 Parameters 卷展栏的 Operation 框中选择 Intersection 交运算。在 Pick Boolean 卷展栏中选择 Move。

18. 单击 Pick Boolean 卷展栏中的 Pick Operand B 按钮。选择六面体 Box02。

这时，圆柱体 Cylinder01 和六面体 Box02 合并成一个半圆柱物体了。新的物体名叫 Cylinder01。

19. 执行 Edit/Fetch 恢复保存的场景。

20. 选择六面体 Box01。

21. 单击屏幕右上角命令面板的 Create 图标 ，再单击 Geometry ，选择 Compound Objects。

22. 单击组合物体命令面板的 Boolean 按钮，在 Parameters 卷展栏的 Operation 框中选择

Subtraction（A－B）减运算。在 Pick Boolean 卷展栏中选择 Move。

23. 单击 Pick Boolean 卷展栏中的 Pick Operand B 按钮。选择六面体 Box02。

24. 单击组合物体命令面板的 Boolean2 按钮，再单击 Pick Boolean 卷展栏中的 Pick Operand B 按钮。选择圆柱体 Cylinder01。如图 2.7.13 所示。

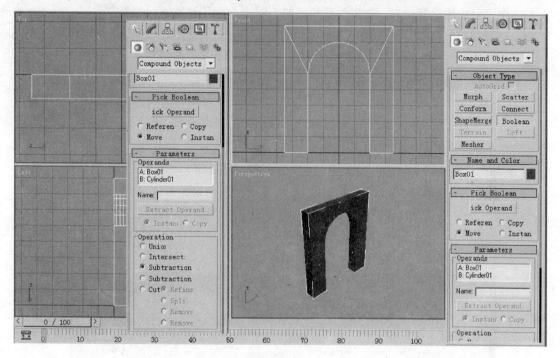

图 2.7.13

这时，就从六面体 Box01 上挖去了圆柱体 Cylinder01 和六面体 Box02 与其重叠的部分。新的物体就像一个拱门。

2.8　常用处理技巧

一、水中倒影

（一）平静如镜的湖面

本章 2.6 节中我们练习过镜子的做法，对于平静的水面，我们也可用类似方法制作。

1. 启动 3ds max。File/Reset 重置 MAX。

2. 单击屏幕右上角命令面板的 Create 图标 ，再单击 Geometry ，再单击 Box 按钮。在 Top 视图中，建立一个六面体（Length：2000，Width：2000，Height：5）。

3. 单击命令面板的 Sphere 按钮。在 Top 视图中，建立一个球体。

4. 单击工具条上的 Select and Move 按钮 ，将球体移动到六面体的上方。

5. 单击工具条上的 Material Editor 按钮 ，打开材质编辑器。给球体指定一幅漫反射贴图。

6. 选择第一个样本窗口，单击材质编辑器 Type 后的 Standard 按钮，在随后出现的材质浏览器（Material/Map Browser）中，选择 Multi/Sub-Object 材质类型。

7. 单击材质编辑器的 Set Number 按钮，设定子材质数为 1。

8. 单击材质编辑器的第一个子材质长按钮，对第一个子材质进行编辑。

9. 打开材质编辑器的 Maps 贴图卷展栏。单击 Reflection 反射贴图按钮，在随后出现的材质浏览器（Material/Map Browser）中，选择 Flat Mirror 平面镜材质。

10. 选择六面体，单击材质编辑器的 Assign Material to Selection 按钮 ，将材质赋予六面体。

注意，因为这里只有一个子材质，不必选择物体的表面设置 ID 号与子材质对应，否则还应给物体应用 Edit Mesh 等编辑修改器后，选择物体的表面设置 ID 号。

11. 单击材质编辑器的 Go to Parent 按钮 ，回到材质的上一层。

12. 单击材质编辑器 Diffuse 后的色块，设置漫反射颜色为浅蓝色（124，156，250）。

13. 单击材质编辑器 Ambient 后的色块，设置环境反射颜色为深蓝色（41，52，83）。

14. 选择 Perspective 视图，单击工具条上的 Quick Render 按钮，进行快速渲染。可看到球体的反射情况。如图 2.8.1 所示。

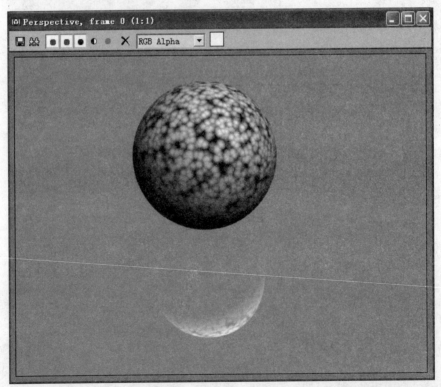

图 2.8.1

（二）远近变化

以上效果只能模拟近距离的静止水面。对于较大范围的静止水面，倒影会随远近不同而不同。下面我们利用 Gradient 贴图来模拟。

1. 单击材质编辑器 Opacity 后的空白按钮，在随后出现的材质浏览器（Material/Map Browser）中，选择 Gradient 贴图。

2. 选择 Perspective 视图，单击工具条上的 Quick Render 按钮，进行快速渲染。这时候，我们就可看到随远近不同有了变化。

（三）波涛汹涌的海面

1. 单击材质编辑器 Diffuse 后的空白按钮，在随后出现的材质浏览器（Material/Map Browser）中，选择 Noise 贴图。

2. 单击材质编辑器 Noise Parameters 卷展栏中的 Color # 1 色块，将 Color # 1 颜色设为深蓝色（41，52，83）。单击 Noise Parameters 卷展栏中的 Color # 2 色块，将 Color # 2 颜色设为浅蓝色（124，156，250）。

3. 选择 Perspective 视图，单击工具条上的 Quick Render 按钮，进行快速渲染。

这时候，我们就可看到海面有了波浪，但倒影却还是平静水面上的效果，并没有因为波浪产生扭曲。下面我们通过使上面的 Flat Mirror 平面镜贴图产生扭曲，来模拟这个效果。

4. 单击材质编辑器的 Go to Parent 按钮 ，回到材质的上一层。

5. 打开材质编辑器的 Maps 贴图卷展栏。将反射贴图的数量设为 40%。单击 Reflection 反

图 2.8.2

射贴图按钮。

6. 在 Distortion 栏内, 选择 Use Built-in Noise (使用内置干扰方式)。

7. 选择 Perspective 视图, 单击工具条上的 Quick Render 按钮, 进行快速渲染。

这时候, 我们就可看到倒影产生了扭曲。如图 2.8.2 所示。调整 Distortion 栏内的 Distortion Amount, Phase, Size 参数, 可改变扭曲的形状。

二、光柱

当一束光通过较暗的空间时, 由于空气中尘埃的反射, 我们会看到一条光柱。但在 3ds max 中, 普通的光源只能照亮物体, 却不能模拟出光柱的效果。要制作光柱的效果, 基本上有两种方法, 即使用 Volumn Light 体积光模拟和用圆锥模型加自发光与透明贴图相配合的方法。

下面, 我们还是使用上面的场景来进行光柱效果的制作。

1. 单击屏幕右上角命令面板的 Create 图标 , 再单击 Geometry , 再单击 Cone 按钮。在 Top 视图中, 建立一个圆锥体。

2. 在命令面板上, 将圆锥体的 Radius 1 参数改为 80, 将圆锥体的 Radius 2 参数改为 20, 将圆锥体的高 Height 参数改为 200, 将高度分段数 Height Segments 改为 10。

3. 在保持圆锥体仍处于选择状态下, 单击屏幕右上角命令面板的 Modify 图标 , 在 Modify 命令面板 的 Modifier List 列表框中选择 Edit Mesh 修改器。

4. 选择 Face 面选择方式。

5. 在 Front 视图中, 框选圆锥体的底面, 并按 Delete 键将这些面删除。

6. 关闭次物体选择状态。

7. 单击工具条上的 Material Editor 按钮 , 打开材质编辑器。

8. 选择第三个样本窗口, 单击材质编辑器的 Assign Material to Selection 按钮 , 将材质赋予圆锥体。

9. 单击材质编辑器 Ambient 和 Diffuse 之间的锁定按钮 及 Diffuse 和 Specular 之间的锁定按钮 , 将环境反射、漫反射和镜面反射光颜色锁定在一起, 并将它们的颜色改为白色。

10. 将自发光 Self-Illumination 参数设置为 100%。

11. 单击材质编辑器 Diffuse 后的空白按钮, 选择 Gradient 贴图。

12. 单击材质编辑器的 Go to Parent 按钮 , 回到材质的上一层。

13. 在 Extended Parameters 卷展栏, 选择 Aditive 加色透明方式。

14. 单击材质编辑器 Opacity 后的空白按钮, 选择 Gradient 贴图。

15. 选择 Perspective 视图, 单击工具条上的 Quick Render 按钮, 进行快速渲染。渲染后的效果如图 2.8.3 所示。

图 2.8.3

第三章

Photoshop 的使用

Photoshop 是最受欢迎的图像处理软件之一。其直观的操作界面、灵活多样的功能，可以使你充分发挥创造力。我们做建筑效果图的时候，常常用它来对渲染出来的图像作后期处理，如加背景、配景，调整色调、图像大小等。目前最新版本为 Photoshop CS。Photoshop 6.0 和 Photoshop7.0 的差别并不大。Photoshop 7.0 以上版本就是 Photoshop CS，Adobe 公司没有把它称为 Photoshop 8.0，而是取了一个特别的名字。下面我们主要以 Photoshop 6.0 中文版来讲述。

我们在制作电脑建筑效果图的时候，Photoshop 的使用是可多可少的。你若急于求成，不妨读完本章 3.1 节后，就跳过本章其他节，学习第四章及第五章的内容。但等你自己做出了电脑建筑效果图的时候，你仍有必要再来学习完本章的内容。

3.1 节仅仅是对 Photoshop 作了简单的提纲挈领性的介绍，要真正掌握，必须做一些练习。因此，对 3.1 节的内容弄不明白可先放下，接着读本章以后各节，且边读边做练习。以后，再回头读 3.1 节，就容易弄明白了。

3.1 Photoshop 的用户界面

启动 Windows，单击左下角开始按钮，选择程序，再选择 Adobe，再选择 Photoshop6.0，再选择 Adobe Photoshop6.0，就可启动 Photoshop6.0。Photoshop6.0 的界面如图 3.1.1 所示。分为下拉菜单、工具栏、控制面板（也可称之为调色板）、状态栏和图像窗口区等几部分。状态栏显示当前视图的缩放比例、当前图像所占内存、当前所选择工具的解释等信息。

选择"窗口 Window/ 隐藏状态栏 Hide Status Bar"菜单，可隐藏状态栏；再选择"窗口 Window/显示状态栏 Show Status Bar"菜单，又可显示工具栏。其他部分以下分别讲述。

一、Photoshop 的下拉菜单

从图 3.1.1 我们可看到 Photoshop6.0 窗口顶部有：文件（F）、编辑（E）、图像（I）、图层（L）、选择（S）、滤镜（T）、视图（V）、窗口（W）、帮助（H）等 9 个下拉菜单。文件菜单主要用于打开、关闭和保存图像文件及运行参数的设置；编辑菜单主要用于剪贴图像；图像菜单主要用于调整图像色调、亮度、对比度及图像大小；图层菜单主要用于图像层的操作；选择菜单主要用于选择图像中的某部分；滤镜菜单是 Photoshop 的滤镜，用于对图像某层或选择集进行操作，从而产生各种特别效果。下面先介绍文件菜单，其他菜单在以后各节中分别介绍。

1. 新建 New（新建图像文件）

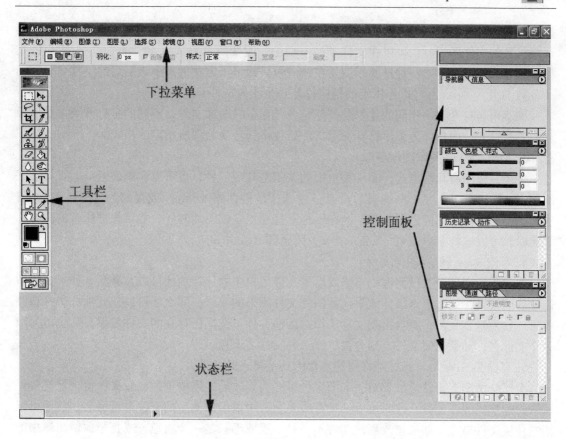

图 3.1.1

用于建立 Photoshop 的新图像文件。选择该菜单后将出现新建（New）对话框，如图 3.1.2 所示。在新建对话框的名称（Name）编辑框中可以设定新建文件的文件名，在图像大小（Image Size）栏内可设置图像画面的宽度（Width）、高度（Height）尺寸，分辨率（Resolution）等信息，可选择图像的模式为 Bitmap（位图）、Grayscale（灰度）、RGB Color（RGB 颜色）、CMYK Color（CMYK 颜色）、Lab Color（Lab 颜色）等 5 种。在内容（Contents）栏内，可以将新建的画面底色设定为白色（White）、背景色（Background Color）或透明（Transparent）。

2. 打开 Open（打开一个图像文件）

选择文件（File）菜单下的打开（Open）命令时，将调出 Photoshop6.0

图 3.1.2

117

标准的文件打开窗口。可以选择路径和文件，也可以在文件名栏中键入正确的文件名。在知道要打开的文件后缀时，可以在文件类型一栏中，改变所有格式（All Formats）为相应的文件后缀名，便可以建立一种过滤，就是在窗口中只列出指定文件夹中该后缀的文件名。

3. 打开为 Open As（以你指定的格式打开一个图像文件）

该菜单与打开菜单相同的是都是打开一个已存在的图像文件，不同的是打开菜单是以原来的格式打开，而打开为菜单打开图像文件后再将其转换为你所指定的格式。

4. 关闭 Close（关闭图像窗口）

关闭一幅图有几种方式，文件菜单中的关闭是其中一种，也可以在画面窗口上直接点关闭按钮。如果在进行完一些编辑后没有存盘（这是指存储（Save）或存储为（Save As））将出现一个警告框并询问是否存盘。当在屏幕上打开了多幅图的时候，如果想把所有的图像都关闭时，可以选择菜单窗口（Window）/关闭全部（Close all）。

5. 存储 Save（保存图像文件）

在对图像文件做过任何编辑与修改后，文件菜单中的保存项才可以被激活。如果要保留修改后的效果，同时愿意以此效果代替图像文件原来的效果，那么才可以选此项。选择该菜单后，如果是新文件，将会出现文件选择对话框，你可选择已存在的文件名保存，也可另取一个文件名；如果是旧文件，则直接以原来的文件名保存。

6. 存储为 Save As（意思是将图像另存为其他格式的文件）

大部分情况下，在尝试着对一个图像做过一些修改后，需要把最终效果保留，但又要保留未做过修改的原文件，这时可以选择存储为项。可以给修改后的文件重新命名，甚至可以给它转换文件格式。如果修改后的文件不只是一层或不只是一个通道，或是想保留图像中的选区之类的内容的话，就不能将它们存储成 .bmp 等格式文件，而只能存为 psd 格式。

7. 恢复 Revert（恢复到未编辑时的状态）

这一项的作用是将编辑过但未存盘的图形文件恢复到未编辑时的状态，这样可以避免误操作带来的破坏性效果。

8. 输入 Import（引入）

一般用此菜单从扫描仪上扫描图像。

9. 打印 Print（打印图像）

我们注意到，在文件菜单中，最近打开文件菜单项下，程序还保留了本次操作中最后几个关闭的图形文件的路径和文件名。如果想再调出其中某个文件进行修改，只需单击此处的文件名即可。

二、Photoshop 的系统配置

在使用 Photoshop 之前，我们可对 Photoshop 进行适当的配置，使 Photoshop 的运行效率更高。使用"编辑/预设"菜单可以修改 Photoshop 的配置信息。在 Windows 操作系统中，这些信息保存在"Adobe Photoshop 6 设置"文件夹中的 Adobe Photoshop 6 Prefs.psp 文件中。

选择"编辑/预设/常规"菜单，将出现"预制"对话框，如图 3.1.3 所示。

在拾色器（Color Picker）列表框中，可选择 Windows 和 Photoshop 两种颜色拾色器。Photoshop颜色拾色器如图 3.1.4 所示，Windows 颜色拾色器如图 3.1.5 所示。

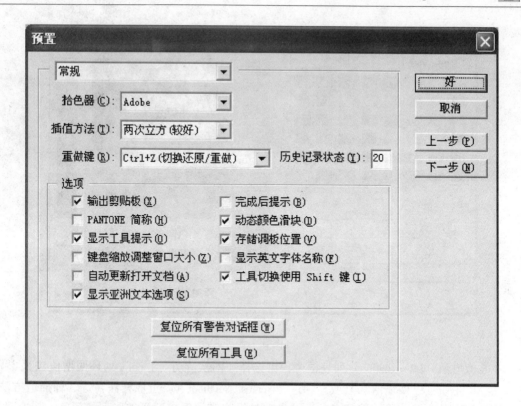

图 3.1.3

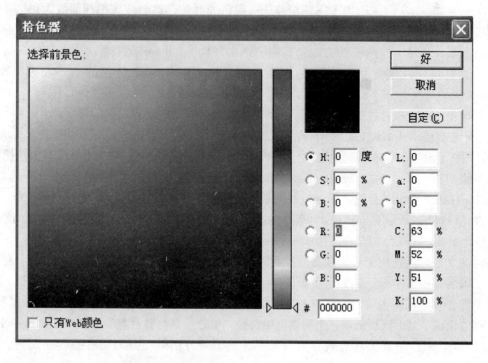

图 3.1.4

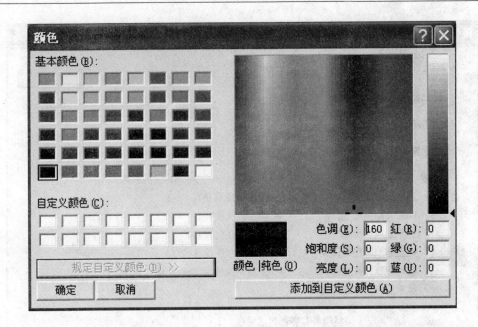

图3.1.5

在插值方法（Interpolation）列表框中，可选择"两次立方"Bicubic（环回增值法）、"两次线性"Bilinear（纵横增值法）或"邻近"Nearest Neighbor（就近取样法）等3种插值方法。当用工具箱中的吸管工具选取颜色时，这一项的设定直接影响到所选取到的颜色。其中"邻近"Nearest Neighbor方法适用于需要精确选取颜色的时候，这时应该把画面放大很多倍，然后用吸管准确的选取到颜色的像素点。"两次线性"Bilinear和"两次立方"Bicubic则都是适用于选取某一区域大致色调的方法，其中"两次线性"Bilinear比"两次立方"Bicubic选取到的色调更均匀，也更接近点取的画面区域。所以我们常常使用的是"邻近"Nearest Neighbor和"两次立方"Bicubic选项。

在选项（Options）栏中，包含了11个选择项。一般均按缺省设置即可。

显示工具提示（Show Tool Tips）为显示工具提示功能开关。选取此项后，当你把鼠标放在任一工具图标上超过2秒钟，屏幕上便会显示出对这一工具的简短说明，并标出该工具的快捷键。

存储调板位置（Save Palette Locations）为存储控制面板位置功能开关。若选此项，Photoshop在每次退出时会记录下各控制面板的位置及状态。

在"预制"对话框顶部第一个列表框中选择存储文件（Saving Files）或选择"编辑/预设/存储文件"菜单，"预制"对话框变为如图3.1.6所示。

存储文件对话框用于设置在文件存盘时的一些附加信息，比如文件预视图，默认的图形文件扩展名是小写字母还是大写字母等。一般情况下，不是所有格式的图在打开（Open）对话框中都会有预视图出现，而且有的格式的图只有在Photoshop中存过才会有预视图出现。

在"预制"对话框顶部第一个列表框中选择"增效工具与暂存盘"（Plug-Ins & Scratch）或选择"编辑/预设/增效工具与暂存盘"菜单，将出现"增效工具与暂存盘"对话框，如图3.1.7所示。

单击"其他增效工具目录"Plug-Ins Folder栏中的"选取"按钮，可以设定外挂滤镜存

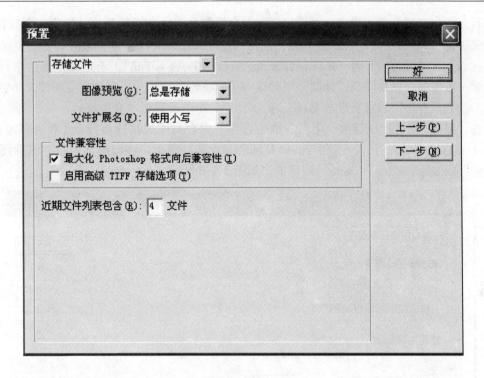

图 3.1.6

图 3.1.7

放的目录。在"暂存盘"栏内，可设定暂存及交换数据用的虚拟磁盘。一般默认状态下为启动（Start up），即启动盘，一般为 C 盘。但是当处理的图像文件非常大又进行一些复杂的处理（比如某些滤镜特效）时，系统就会警告"Scratch Disks is Full"，于是操作无法进行。这时，唯一可做的，就是修改"预制"中的这一项，将暂存盘改为当前剩余空间较大的磁盘驱动器，而且只有退出后重新进入 Photoshop，"预制"中的新设置才会生效。

在"预制"对话框顶部第一个列表框中选择"内存与图像高速缓存"（Memory & Image Cache）或选择"编辑/预设/内存与图形高速缓存设定"菜单，将出现"内存与图形高速缓存设定"（Memory & Image Cache）对话框，如图 3.1.8 所示。

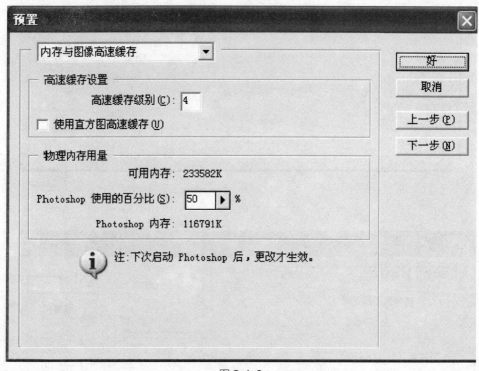

图 3.1.8

在"高速缓存设置"（Cache Settings）栏中，用户可以设置高速缓存（Cache）的数值级别，其数值可在 1 至 8 之间，Cache 数值越大图像显示速度越快。在"物理内存用量"（Physical Memory Usage)栏中，可以设定 Photoshop 使用实际内存数量的多少。在一般情况下，最好不要改动系统的缺省配置，只有当进行某些海报、封面等印刷品的设计时，才将内存的数量增大。

三、Photoshop 的工具箱

Photoshop 的工具箱分为 7 个部分：选择工具、图像编辑工具、绘图工具、显示控制工具、背景前景色设置工具、编辑模式选择和屏幕显示模式选择，如图 3.1.9 所示。

工具箱上可显示 22 个工具按钮，还有 29 个工具处于隐藏状态。要选择隐藏在某个按钮下的工具，可先在该按钮上按下鼠标左键。这时该按钮旁边就会显示出所有隐藏在其下的工

具。移动鼠标选择其中一个，再松开鼠标左键。这时就选择了隐藏其后的工具，刚才的位置变为显示新的工具按钮。

（一）选择工具

从图 3.1.9 中我们看到工具箱左上角第一个按钮的右下角有一个小小的三角形标记，这表示这个按钮下有隐藏工具。

单击工具箱左上角第一个按钮并保持，将出现一个工具框，从上至下依次为矩形选框工具、椭圆选框工具、单行选框工具、单列选框工具。

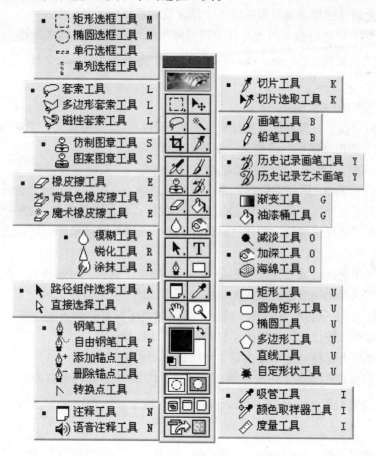

图 3.1.9

矩形选框工具（Rectangular Marquee Tool），用于在当前图层中选择矩形区域内的图像供编辑。

矩形选框工具的操作方法如下：

在图像窗口中按下鼠标左键，拖动鼠标再松开鼠标左键即可定义一个矩形选择框。

若按住 Shift 键拖动鼠标，将定义一个正方形选择框。

若按住 Alt 键拖动鼠标，将以拖动起点为中心定义一个矩形选择框。

若按住 Shift 键和 Alt 键拖动鼠标，将以拖动起点为中心定义一个正方形选择框。

当已经定义了选择区域后，按住 Shift 键拖动鼠标，将在选择集中添加一个选择区域。

当已经定义了选择区域后，按住 Alt 键并在选择区域内拖动鼠标，将从选择集中删除这个选择区域。

当已经定义了选择区域后，按住 Shift 键和 Alt 键拖动鼠标，将选择它们的交集，即刚选择的区域与原有选择集相交的区域成为最终的选择区域。

按住 Ctrl 键和 Alt 键再拖动鼠标，将把选择区域的图像复制到新的位置。

在选择区域中，按住鼠标左键拖动鼠标，可移动选择区域。

使用键盘上的光标移动键可每次以 1 个像素移动选择框。

按住 Shift 键再使用键盘上的光标移动键可每次以 10 个像素移动选择框。

椭圆选框工具（Elliptical Marquee Tool），用于在当前图层中选择椭圆形区域内的图像供编辑。

椭圆选框工具的操作方法如下：

在图像窗口中按下鼠标左键，拖动鼠标再松开鼠标左键即可定义一个椭圆形选择框。

若按住 Shift 键拖动鼠标，将定义一个圆形选择框。

若按住 Alt 键拖动鼠标，将以拖动起点为中心定义一个椭圆形选择框。

若按住 Shift 键和 Alt 键拖动鼠标，将以拖动起点为中心定义一个圆形选择框。

当已经定义了选择区域后，按住 Shift 键拖动鼠标，将在选择集中添加一个选择区域。

当已经定义了选择区域后，按住 Alt 键并在选择区域内拖动鼠标，将从选择集中删除这个选择区域。

当已经定义了选择区域后，按住 Shift 键和 Alt 键拖动鼠标，将选择它们的交集，即刚选择的区域与原有选择集相交的区域成为最终的选择区域。

按住 Ctrl 键和 Alt 键再拖动鼠标，将把选择区域的图像复制到新的位置。

在选择区域中，按住鼠标左键拖动鼠标，可移动选择区域。

使用键盘上的光标移动键可每次以 1 个像素移动选择框。

按住 Shift 键再使用键盘上的光标移动键可每次以 10 个像素移动选择框。

单行选框工具（Single Row Marquee Tool），用于在当前图层中选择 1 个像素宽的单行区域供编辑。

单列选框工具（Single Column Marquee Tool），用于在当前图层中选择 1 个像素宽的单列区域供编辑。

单击工具箱左上角第二行第一个按钮并保持，将出现 1 个工具框，从左至右依次为普通套索工具、多边形套索工具和磁性套索工具。

套索工具（Lasso Tool），用于在当前图层中选择一个不规则形的区域供编辑。按住鼠标左键，拖动鼠标沿不规则形区域的边界走一圈即可。

多边形套索工具（Polygon Lasso Tool），用于在当前图层中选择一个多边形的区域供编辑。在图像窗口中用鼠标左键顺序单击多边形区域的各角点，最后一点双击结束或再次单击第一个点即可。

磁性套索工具（Magnetic Lasso Tool），用于按图像的边界定义不规则的区域。图像边界反差越大，定义的区域越精确。按住鼠标左键，拖动鼠标沿不规则形区域的边界走一圈即可。它与普通套索工具不同的是，它会在设定的范围内查找图像反差最大的边界，并将其作为选择区域的边界。

双击磁性套索工具（Magnetic Lasso Tool）按钮，可调出"选项"控制条。如图3.1.10 所示。

图 3.1.10

在"选项"控制条中，有如下参数：

• 羽化（Feather）为设置选择区域的羽化程度参数。

• 消除锯齿（Anti-aliased）为防锯齿状边缘。

• 宽度（Lasso Width）为边界的检测范围。程序将在鼠标点附近的这个宽度范围内查找图像反差最大的边界。

• 频率（Frequency）为关键点创建的速率。

• 边对比度（Edge Contrast）为发现边缘的灵敏度，数值越大要求边缘与周围环境的反差越大。

要定义出较精确的边缘，应将宽度（Lasso Width）数值设小一些，而将边对比度（Edge Contrast）数值设大一些，在拖动鼠标时要尽量贴近图像边缘。

移动工具（Move Tool），用于将某层图像或选择区域内的图像移动到指定位置。

移动工具的操作方法如下：

按住 Shift 键拖动鼠标，可限制区域内的图像沿 45 度的整数倍角度的方向上移动。

按住 Alt 键拖动鼠标，则变为复制区域内的图像到指定位置。

按住 Ctrl 键和 Alt 键拖动鼠标，可将区域内的图像复制到另一图像窗口的新层中。

魔术棒工具（Magic Wand Tool），用于在当前图层中选择颜色相近的区域。在图像窗口中的某个点处单击鼠标左键，附近与该点颜色相同或相近的图像像素将被选择。双击魔术棒工具（Magic Wand Tool）按钮，可调出"选项"控制条。如图 3.1.11 所示。

图 3.1.11

"选项"控制条中，容差（Tolerance）参数为颜色偏差范围。若选择用于所有图层（Use All Layers），则选择所有层中颜色相同或相近的图像像素，否则只选择当前层的像素。

裁剪工具（Crop Tool），用于切除选择区域以外的图像。选择该工具后，在图像窗口中按下鼠标左键，拖动鼠标再松开鼠标左键，将出现一个带有八个处理点的矩形区域。我们可以拖动这八个处理点以改变区域的大小。当鼠标移到区域外时，光标变为弧形状，这时拖动鼠标可旋转区域。裁剪区域定义好后，双击鼠标左键或在工具箱中任意处单击，将出现确认对话框，选择 Crop 即可完成裁剪。

切片工具，主要用于网页图片的处理。

切片选取工具，主要用于网页图片的处理。

(二) 图像编辑工具

喷枪工具（Airbrush Tool），用于在图层或选择区域内模拟喷枪的效果进行着色。

按住 Shift 键再拖动鼠标，将喷涂限制在一条直线上。按住 Alt 键可将喷枪工具暂时变为吸管工具。

单击工具箱左上角第五行第一个按钮并保持，将出现一个工具框，从左至右依次为仿制图章工具和图案图章工具。

仿制图章工具（Rubber Stamp Tool），用于将指定区域的像素复制到指定地方。选择该工具后，先按住 Alt 键，用鼠标左键单击要复制的区域，设定要复制的样本，然后松开 Alt 键，按下鼠标左键并拖动鼠标可进行复制。

图案图章工具（Pattern Stamp Tool），用于将一个事先定义的图案（Pattern）复制到指定的地方。可先选择图像区域用 Edit/Define Pattern 菜单定义图案（Pattern），再拖动鼠标进行复制。

橡皮擦工具（Eraser Tool），用于模拟橡皮擦，用背景色擦除图层或选择区域内的部分图像。如果是在某一图层，橡皮擦工具将以透明色擦除图像。

当选择橡皮擦（Eraser Tool）工具时，"选项"控制条变为如图 3.1.12 所示。

图 3.1.12

在"选项"控制条中，可从模式下拉列表框选择擦除的形式：不透明度（Opacity）为擦除的不透明度；选择湿边（Wet Edges），可以水彩效果擦除图像；选择抹到历史记录（Erase to History）或按住 Alt 键拖动鼠标，可将图像恢复到设定的历史状态。

背景色橡皮擦工具，用于抹除图层的相似着色区域。

魔术橡皮擦工具，可以在图像中轻松创建透明度。

单击工具箱左上角第七行第一个按钮，将出现一个工具框，从上至下依次为模糊工具、锐化工具、涂抹工具。

模糊工具（Blur Tool），用于使图像变模糊，使生硬的边界变柔和，使颜色过渡平缓。

锐化工具（Sharpen Tool），它和模糊工具的作用相反，它使图像边界清晰化。

涂抹工具（Smudge Tool），用于制作水彩画的效果。

画笔工具（Paintbrush Tool），用来以毛笔的方式在图层或选择区域内绘制图像。

当选择画笔工具（Paintbrush Tool）时，"选项"控制条变为如图 3.1.13 所示。

图 3.1.13

在"选项"控制条中，可从模式下拉列表框选择绘制形式：不透明度（Opacity）设置画笔的不透明度；选择湿边（Wet Edges），可以水彩效果绘制图像。

铅笔工具（Pencil Tool），用于模拟铅笔的方式在图层或选择区域内绘制图像。

当选择铅笔工具（Pencil Tool）时，"选项"控制条变为如图 3.1.14 所示。

图 3.1.14

在"选项"控制条中，选择自动抹掉（Auto Erase），则铅笔工具自动判断绘画的起始点的颜色。如果起始点的颜色为前景色，则以背景色绘制；如果起始点的颜色为背景色，则以前景色绘制。

历史记录画笔工具（History Tool），可以把历史笔扫过的地方恢复成指定的一个历史状态。

按住 Shift 键将使历史笔以直线方式移动。按住 Ctrl 键会暂时将历史笔工具切换成移动工具。

历史记录艺术画笔工具，与历史记录画笔工具功能相似。但历史记录艺术画笔工具可以按不同样式进行恢复。

单击工具箱左上角第六行第二个按钮，"选项"控制条将出现，从左至右依次为线性渐变着色工具、径向渐变着色工具、角度渐变着色工具、对称渐变着色工具、菱形渐变着色工具。

线性渐变（Linear Gradient Tool），用于在图层或选择区域内进行线性渐变色阶着色。

径向渐变（Radial Gradient Tool），用于在图层或选择区域内进行辐射状渐变色阶着色。其使用方法与 Linear Gradient Tool 渐变着色工具基本相同。

角度渐变（Angle Gradient Tool），用于在图层或选择区域内进行角度渐变色阶着色。其使用方法与 Linear Gradient Tool 渐变着色工具基本相同。

对称渐变（Reflected Gradient Tool），用于在图层或选择区域内进行反射渐变色阶着色。其使用方法与 Linear Gradient Tool 渐变着色工具基本相同。

菱形渐变（Diamond Gradient Tool），用于在图层或选择区域内进行钻石渐变色阶着色。其使用方法与 Linear Gradient Tool 渐变着色工具基本相同。

油漆桶工具（Paint Bucket Tool），用于在图层或选择区域内，用前景色或图案（Pattern）填充指定容许偏差范围内的色彩区域。

单击工具箱左上角第七行第二个按钮，将出现一个工具框，从上至下依次为减淡工具、加深工具和海绵工具。

减淡工具（Dodge Tool），也有称亮化工具的，用于使图层或选择区域内的图像变亮。

加深工具（Burn Tool），也有称烧焦工具的，用于使图层或选择区域内的图像变暗。

海绵工具（Sponge Tool），用于饱和化或非饱和化图像的颜色。可在"选项"控制条中的模式下拉列表框选择加色或去色。"加色"强化颜色的饱和度，"去色"降低颜色的饱和度。

（三）绘图工具

路径组件选择工具，用于选择路径段和路径组件。

直接选择工具（Direct Selection Tool），用于移动已有路径上的控制点。

单击工具箱左上角第九行第一个按钮，将出现一个工具框，从上至下依次为钢笔工具、磁性钢笔工具、随手画钢笔工具、加点工具、删除点工具、移动点工具和调整点工具。这些钢笔工具并不直接着色绘画，而主要用于创建路径。

钢笔工具（Pen Tool），用于创建路径。每单击一下鼠标左键，就产生一个定位点，并和上一点用直线连接。如按住鼠标左键拖动可产生曲线。

自由钢笔工具（Freeform Pen Tool），用于以随手画的方式创建路径。按下鼠标左键，拖动鼠标就可建立不规则的路径，松开鼠标左键可结束创建路径。

添加锚点工具（Add Anchor Point Tool），用于在已有路径上增加控制点。

删除锚点工具（Delete Anchor Point Tool），用于在已有路径上删除控制点。

转换点工具（Convert Point Tool），用于改变已有路径上线段的弧度。单击控制点可将控制点转变为拐点，拖动控制点可将控制点转变为平滑点，并改变线段的弧度。

文字工具（Type Tool），用来在图像中添加文字。选择该工具，在图像窗口中要加文字的地方单击，在"选项"控制条设置好字体、字高等参数后，就可输入文字了。

在"选项"控制条的字体下拉列表框中，可选择字体，在其后的下拉列表框中，可选择字形。还可"选项"控制条中输入字高。

输入文字后，将自动建立一个新层，并将文字转换为像素放在这个图层中。在Photoshop4.0 版本中，这些已转换为像素的文字再不能当成文本一样编辑了。但在Photoshop5.0 以上版本中，这个新建立的图层不是一般的图像层，而是一个文本层，以后还可以将其当成文本一样编辑。

注意：在安装 Photoshop5.0 时，必须安装 CMap Files，否则无法写中文文字。

按下"选项"控制条上的创建蒙板或选区按钮，就可以在图像窗口中产生一个文字形状的选择区域。它并不直接产生图像，因此去掉选择集后，就无任何效果了。

　　直线工具（Line Tool），用于在图层或选择区域内绘制直线。

选择直线工具后，"选项"控制条变为如图 3.1.15 所示。

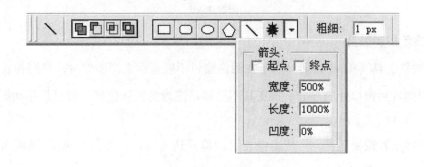

图 3.1.15

在直线工具的"选项"控制条中，可选择在直线两端加箭头。

　　吸管工具（Eyedropper Tool），用于在图像或调色板中汲取颜色。

　　颜色取样器工具（Color Sampler Tool），用于在图像中定义色彩检验点，以显示不同位置的颜色信息。最多可定义 4 个色彩检验点。色彩检验点的色彩值将在信息控制面板中显示。在图像窗口中单击鼠标左键，即可建立色彩检验点。将光标移动到色彩检验点上，光标将变成移动工具的光标形状，按住鼠标左键，拖动到图像窗口外释放鼠标左键，就可删除色彩检验点。拖动到图像窗口另一位置释放鼠标左键，可改变色彩检验点的位置。

　　度量工具（Measure Tool），用于测量图像中任意两点之间的距离、两点连线的角度及建立一个两条线段组成的量角器测量角度。

在图像窗口中单击鼠标左键确定线段起点，再单击鼠标左键确定线段终点。控制面板的信息栏将显示线段的角度 A 和距离 D，如图 3.1.16 所示。距离的单位可用"编辑/预设/单位与标尺"（Edit/Preferences/Units & Rulers）菜单或单击控制面板信息栏左下角的"＋"设定。X，Y 为线段起点的坐标；W 为线段的水平投影；H 为线段的垂直投影。

建立了一条测量线段后，按住 Alt 键并单击线段的其中一个端点，再单击鼠标左键确定第二条线段的终点，即可建立一个量角器。拖动这两条线段的端点，可改变量角器。这时，控制面板的信息栏将显示这两条线段的夹角 A 和两条线段的长度 D1，D2，如图 3.1.16 右图所示。

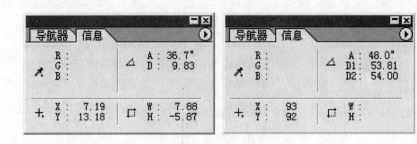

图 3.1.16

（四）显示控制工具

平移工具（Hand Tool），用于在图像窗口不能显示全部图像时，将图像在窗口中拖动，使我们能看到窗口外的部分。该工具不是移动图像的实际位置，而只是移动图像在窗口中的显示位置。

双击平移工具按钮，将使图像显示调整到适合窗口，类似"视图/满画布显示"菜单的功能。

按住 Ctrl 键，可暂时将平移工具切换成放大工具；按住 Alt 键，可暂时将平移工具切换成缩小工具。

缩放工具（Zoom Tool），用于将图像在窗口中放大或缩小来观察。该工具不是真正放大图像的实际大小。选择该工具后，在图像窗口中单击鼠标左键，可放大图像显示；按住 Alt 键再在图像窗口中单击鼠标左键，可缩小图像显示。

双击缩放工具按钮，可使图像按实际像素尺寸显示。这与"视图/实际像素"菜单的功能一样。

（五）背景色和前景色设置

缺省状态下，前景色为黑色，背景色为白色。

工具箱中背景前景色设置工具左下角有一个背景前景初始化标志。当光标移到该标志上并停留一定时间，将出现提示"默认前景和背景色"（Default Foreground and Background Colors）。单击背景前景初始化标志或按 D 键，可将背景色和前景色设置为缺省状态，即前景色为黑色，背景色为白色。

单击背景前景色设置工具左上方的前景色块，将出现"拾色器"（Color Picker）颜色选定对话框，从中汲取颜色可更改前景色。单击背景前景色设置工具右下方的背景色块，也会出现"拾色器"（Color Picker）颜色选定对话框，从中汲取颜色可更改背景色。

背景前景色设置工具右上角有一个背景前景切换标志。当光标移到该标志上并停留一定时间，将出现提示"切换前景和背景色"（Switch Foreground and Background Colors）。单击背景前景切换标志或按 X 键可使背景色和前景色互换。

（六）编辑模式选择和屏幕显示模式选择

编辑模式有两种，即标准模式和快速屏蔽模式。单击模式工具的左边按钮（Edit in Standard Mode）可设定编辑模式为标准模式。单击模式工具的右边按钮（Edit in Quick Mask Mode）可设定编辑模式为快速屏蔽模式。

屏幕显示模式有 3 种。单击屏幕显示模式选择工具的左边按钮"标准屏幕模式"（Standard Screen Mode），可将屏幕显示模式设定为标准窗口显示模式；单击中间的按钮"带有菜单栏的全屏模式"（Full Screen Mode with Menu Bar），将使窗口增大到占据整个屏幕，菜单仍保留；单击右边的按钮"全屏模式"（Full Screen Mode），将使窗口增大到占据整个屏幕，菜单不保留。

四、Photoshop 的控制面板组

Photoshop6.0 有 10 个控制面板（也可称之为调色板或调板）：导航器（Navigator）、信息（Info）、颜色（Color）、色板（Swatches）、样式（Brushes）、历史记录（History）、动作（Actions）、图层（Layers）、通道（Channels）、路径（Paths），如图 3.1.17 所示。各个控制面板可以自由组合到不同的窗口下。将光标移动到控制面板名字上，按住鼠标左键，拖动到另一控制面板窗口上再释放鼠标左键，就可将一个控制面板移动到另一窗口。如拖动到控制面板窗口外释放鼠标左键，就会新建一个控制面板窗口，并将该控制面板移到新窗口上。

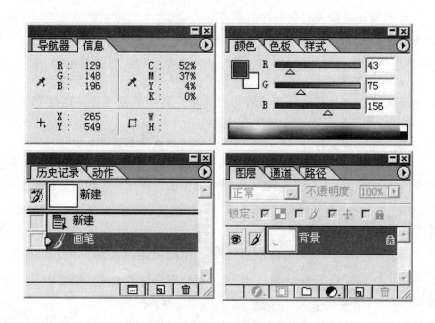

图 3.1.17

131

(一) 导航器控制面板

导航器（Navigator）控制面板用于快速地观看图像的任意区域及改变图像的缩放比例。如图 3.1.18 所示。

图 3.1.18

在导航器（Navigator）控制面板中有一个红色粗方框（缺省状态），它表示图像在窗口中的显示范围。拖动这个方框，可改变图像的显示范围。导航控制面板底部左边有一个缩小（Zoom Out）按钮，右边有一个放大（Zoom In）按钮。单击这两个按钮可改变图像的缩放比例。拖动这两个按钮中间的缩放比例控制滑块（Zoom Slider），可动态地改变图像的缩放比例。

(二) 信息控制面板

信息（Info）控制面板用于显示点的坐标、颜色、区域尺寸等信息，显示的内容随使用工具的不同而不同。

(三) 颜色控制面板

颜色（Color）控制面板用于调整前景色和背景色。如图 3.1.19 所示。

颜色（Color）控制面板可按 RGB，CMYK，Lab 等不同的颜色模式显示。图 3.1.19 是按 RGB 颜色模式显示。单击其右上角的三角形按钮 ▶ ，在随后出现的菜单中，可切换到其他颜色模式。

拖动颜色参数滑块或输入颜色参数值，可改变前景色和背景色。

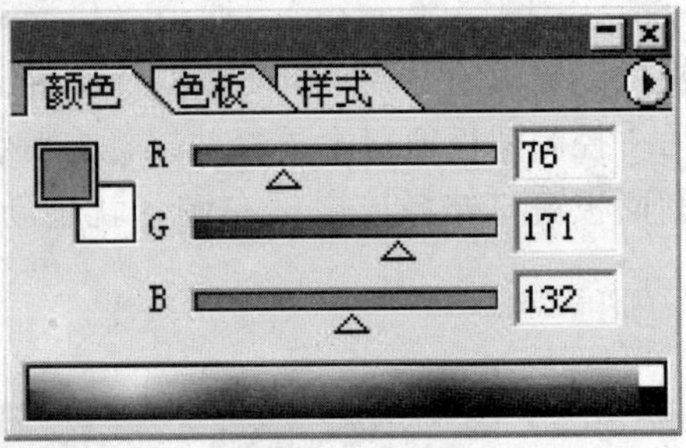

图 3.1.19

(四) 色板控制面板

色板（Swatches）控制面板如图 3.1.20 所示。

将光标移到色板上，光标将变为滴管形状。单击其中的色板可快速设定前景色。按住 Alt 键，再单击其中的颜色样本可快速设定背景色。

按住 Ctrl 键，光标将变为剪刀形状。单击其中的颜色样本可将其删除。

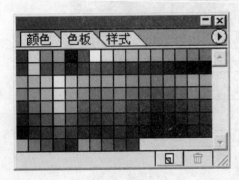

图 3.1.20

按住 Shift 键，光标将变为油漆桶工具形状。单击其中的色板可将色板的颜色改为前景色的颜色。

单击色板控制面板右上角的三角形按钮 ▶ ，在随后出现的菜单中，选择复位色板菜单，可将颜色样本恢复到缺省状态。

(五) 样式控制面板

样式（Brushes）控制面板用于对当前图层应用样式。如图 3.1.21 所示。

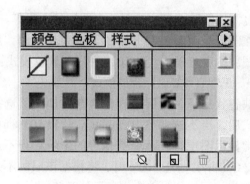

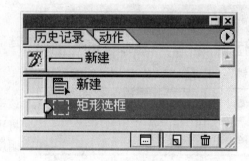

图 3.1.21 　　　　　　　　　　　　　　　　图 3.1.22

（六）历史记录控制面板

如图 3.1.22 所示，历史记录（History）控制面板记录了自打开或新建图像文件以来的历次操作。但最多记录 20 次操作。我们在进行了若干次操作后，随时可用历史记录控制面板将图像恢复到以前的任意状态。

单击任意一个历史记录，可使图像恢复到以前的状态。

单击任意一个历史记录前的空白按钮，可设置历史笔刷。这时，空白按钮处就会出现历史记录画笔工具的图案。使用历史记录画笔工具就需要先建立历史笔刷。

此外，我们还可以为操作过程中的某些状态建立快照（Snapshot）。这样，即使历史记录无法记录全部操作，以后我们仍可方便地将图像恢复到任意一个快照状态。选择历史记录控制面板的新快照（New Snapshot）菜单或单击底部创建新快照（Create New Snapshot）按钮，就可建立快照。

（七）动作控制面板

如图 3.1.23 所示，当对图像要做很多相同或相似的操作时，我们可应用动作（Actions）控制面板先把要重复的操作录制下来，然后将其成批进行处理。这样，我们就可节省大量工作量。

单击动作（Actions）控制面板的命令左侧的三角形（▶或▼），可展开或折叠命令清单。底部一排按钮从左至右依次为停止播放/记录（Stop playing/recording）、开始记录（Begin recording）、播放选区（Play current selection）、创建新设置（Create new set）、创建新动作（Create new actions）和删除（Delete selection）。一个命令集中可包含多个动作。每个动作又由多个动作组成。命令集可保存在 atn 文件中。

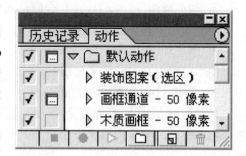

图 3.1.23

（八）图层控制面板

图层就像透明纸，一个图像文件中的多个图层，就像在上面画了画的一些透明纸叠加在一起一样，我们可透过透明纸看到各层图像叠加在一起的效果。上层的图像将覆盖下层的图像。如图 3.1.24 所示。我们可用图层控制面板创

图 3.1.24

建、复制、删除图层，也可改变图层的顺序等。

在图层控制面板左上角的下拉列表框中，可选择图层的着色模式。共有 17 种图层着色模式：

- 正常（Normal）合成模式

缺省状态下，图层选择正常合成模式。选择该模式后，当不透明度（Opacity）设为 100％时，将正常显示图层，且不受其他层的影响。当不透明度（Opacity）小于 100％时，将根据该层的不透明度和其他层的色彩来决定显示的颜色。

- 溶解（Dissolve）合成模式

控制层与层之间的融合显示，该项对于有羽化边缘的层将起到重大的影响，如果当前层没有这种羽化边缘或是该层被设定为不透明，则该项几乎是不起作用的。总之，该项的最终效果将受到当前层的羽化程度和不透明度的影响。

- 正片叠底（Multiply）合成模式

形成一种光线透过两张叠加在一起的幻灯片，呈现出一种较暗的效果。

- 屏幕（Screen）合成模式

该合成模式与正片叠底合成模式相反，它将呈现出一种较亮的效果。

- 叠加（Overlay）合成模式

根据底层的颜色，将当前层的像素进行相乘或覆盖。使用该模式可能导致当前层变亮或变暗。该模式对于中间色调影响较明显，对于高亮度区域和暗调区域影响不大。

- 柔光（Soft Light）合成模式

创作一种柔和光线照射的效果，此效果与发散的聚光灯照在图像上相似。

- 强光（Hard Light）合成模式

制作一种强烈光线照射的效果，高亮度的区域将更亮，暗调区域将变得更暗，以增大反差。此效果与耀眼的聚光灯照在图像上相似。

- 颜色减淡（Color Dodge）合成模式

使当前层中有关的像素变亮。

- 颜色加深（Color Burn）合成模式

使当前层中有关的像素变暗。

- 变暗（Darken）合成模式

只对当前层的某些像素起作用，这些像素比其下面层中对应的像素一般要暗。在 Photoshop 中，此项将把图像中所有通道中的颜色进行比较，然后将暗的调整得比原色调更暗。

- 变亮（Lighter）合成模式

只对当前层中那些比底层图像对应像素亮的像素点起作用。与变暗合成模式相同，先比较通道颜色的数值，然后再将亮的调整为比原色调更亮。

- 差值（Difference）合成模式

该模式形成的效果取决于当前层和底层像素值的大小，它将单纯地反转图像。当不透明度设定为 100％时，当前层中的白色地方将全部反转，而黑色的地方将保持不变，介于黑白二者之间的部分将做相应的阶调反转。

- 排除（Exclusion）合成模式

由亮度值决定了是从前层中减去底层色还是从底层色中减去目标色。其效果比差异合成模式要柔和一些。

- 色相（Hue）合成模式

色相合成模式是利用 HSL 色彩模式来进行合成的，它将把当前层的色相与下面层的亮度和饱和度混合起来形成特殊的效果。

- 饱和度（Saturation）合成模式

把当前层中的饱和度与下面层中的色相度结合起来形成特殊的效果。

- 颜色（Color）合成模式

该项产生的效果基本上与 Hue 色相合成模式产生的效果一样，它将保留当前层的色相和饱和度，只用下面层的亮度值进行混合。

- 亮度（Luminosity）合成模式

该模式与色彩合成模式相反，它将保留当前层的亮度值，而用下面层的色相和饱和度进行合成。该项是除了正常合成模式之外的唯一能够完全消除纹理背景干扰的模式。这是因为亮度合成模式保留的是亮度值，而纹理背景是由不连续的亮度组成的，被保留的亮度将完全地覆盖在纹理背景上，这样就不被干扰了。

在不透明度框中，可设置图层的不透明度。层的不透明度百分比越小，越透明。锁定透明像素（Preserve Transparency）项用于保护图层中的透明区域不被着色。

单击图层控制面板中图层前的眼睛图标，将使眼睛图标消失，该层图像将不显示；再次单击此处，眼睛图标又会出现，该层图像将恢复显示。

单击 Layers 图层控制面板中图层前的空白按钮，可将该层链接。此时空白按钮上将出现一链条图标，该层将与当前层一起参与操作。

（九）通道控制面板

通道就是独立的原色平面。比如印刷机的 CMYK 四色印刷，就是用 C（青色），M（鲜红色），Y（黄色），K（黑色）四张胶片。单张胶片都是单色的图像，四张胶片叠印在一张纸上，就形成层次丰富的全彩图像。但 Photoshop 中通道的意义更宽，它常常被当成一个特殊的选择集来使用。

如图 3.1.25 所示，可使用 Channels 通道控制面板创建、删除通道，可关闭某个通道的显示，可从通道建立选择集等。

关于通道的使用，后面将作详细讲述。

（十）路径控制面板

路径可以是一个点、一条直线或曲线，但通常是一些直线连成的折线或曲线。路径绘制完成后，并不转换为图像像素，因此，可以容易地对其编辑修改。

图 3.1.25

路径可以用来选取、剪裁复杂形状的图像，也可用来直接创建图像。如图 3.1.26 所示。使用 Paths 路径控制面板可创建、删除、复制路径。

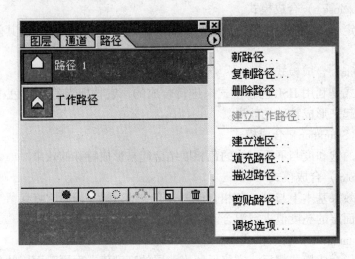

图 3.1.26

在路径控制面板的底部一排按钮从左至右依次为：用前景色填充路径（Fills path with foreground color）、用前景色描边路径（Strokes path with foreground color）、将路径作为选区载入（Loads path as a selection）、从选区建立工作路径（Makes work path from selection）、创建新路径（Creates new path）、删除当前路径（Deletes current path）。

- 前景色填充路径按钮的功能是用前景色填充当前路径包围的区域。
- 用前景色描边路径按钮的功能是使用当前颜色和工具沿当前路径勾划。
- 将路径作为选区载入按钮的功能是将路径转换为选择集。
- 从选区建立工作路径按钮的功能是将当前选择集转换为路径。
- 创建新路径按钮的功能是建立新的路径。
- 删除当前路径按钮的功能是删除路径。

3.2 基本操作训练

在这一节我们先来进行 Photoshop 的基本操作训练，了解一下图像处理的基本知识。Photoshop 的基本操作实际上很容易，若你已懂得使用 Photoshop 或你觉得你很有悟性，不妨跳过本节或很快地看一下本节的内容。

一、色彩模式

Photoshop 是基于像素的图像处理软件。图像中每个像素都可有不同的色彩，用数字表示现实世界千变万化的色彩有多种色彩模式：RGB 模式、CMYK 模式、Lab 模式、HSB 模式、索引（Indexed）模式、灰度（GrayScale）模式、位图（Bitmap）模式、双色调模式等。每种模式都有自己的适用范围和优缺点。各色彩模式之间可进行转换。

（一）RGB 模式

RGB 是色光的彩色模式。R 代表红色，G 代表绿色，B 代表蓝色，三种色彩叠加形成了另一种色彩。因为三种颜色都有 256 个亮度水平级，所以三种色彩叠加就能形成 1670 多万种颜色了，也就是所谓"真色彩"，通过它们足以再现绚丽的世界。

在 RGB 模式中，由红、绿、蓝相叠加可以形成其他颜色，因此该模式也叫加色模式（CMYK 是一种减色模式）。所有的显示器、投影设备以及电视等许多设备都是依赖于这种加色模式实现的。

就编辑图像而言，RGB 色彩模式也是最佳的色彩模式，因为它可提供全屏幕的 24bit 的色彩范围，即"真色彩"显示。但是，如果将 RGB 模式用于打印就不是最佳的了，因为 RGB 模式所提供的有些色彩已经超出了打印色彩范围之外，因此在打印一幅真色彩的图像时，就必须会损失一部分亮度，并且比较鲜明的色彩肯定会失真的。这主要因为打印所用的是 CMYK 模式，而 CMYK 模式所定义的色彩要比 RGB 模式定义的色彩少得多，因此打印时，系统将自动进行 RGB 模式与 CMYK 模式的转换，这样就难以避免损失一部分颜色，出现打印后的失真现象。

如果用户认为要避免这种损失的方法就是用 CMYK 模式进行编辑和打印的话，这对初级应用 Photoshop 会有效果，但不是最佳选择。下面，我们将介绍更好的方法。

（二）CMYK 模式

当阳光照耀到一个物体上时，这个物体将吸收一部分光线，并将剩下的光线进行反射，反射的光线就是我们所看见的物体颜色。这是一种减色色彩模式，同时也是与 RGB 模式的根本不同之处。不但我们看物体的颜色时用到了这种减色模式，而且在纸上印刷时应用的也是这种减色模式。

按照这种减色模式，演变出了适合于印刷的 CMYK 模式。

CMYK 即代表印刷上用的四种油墨颜色，C 代表青色，M 代表洋红色，Y 代表黄色，K 代表黑色。因为在实际应用中，三种色很难叠加成真正的黑色，最多不过是褐色，因此才引入了 K——黑色。黑色的作用是强化暗调，加深暗部色彩。

CMYK 模式是最佳的打印模式，RGB 模式尽管色彩多，但不能完全打印出来。那么是不是在编辑时就采用 CMYK 模式呢？答案是否定的。原因有两个：

（1）用 CMYK 模式工作虽能免除色彩方面的损失，但是运算速度慢很多。这主要因为：

• 即使在 CMYK 模式下工作，Photoshop 也必须将 CMYK 即时转变为显示器所用的 RGB 模式。

• 对于同样的图像，RGB 模式下 Photoshop 只需处理 R，G，B 三个通道即可，而对于 CMYK 模式就需要处理四个通道了。

（2）由于用户所使用的扫描仪和屏幕都是 RGB 设备，所以无论何时用 CMYK 方式工作，其间总有把 RGB 转为 CMYK 这一过程。

因此，是否应用 CMYK 模式进行编辑就可转变为何时进行 RGB 模式与 CMYK 模式转换的问题了。

这里推荐给用户的方法是：先用 RGB 模式编辑，再用 CMYK 模式打印，直到印刷前才进行转换，然后加以必要的校色、锐化和修饰。虽然使 Photoshop 在 CMYK 模式下慢了许多，但是可以节省大部分的编辑时间。

为了快速预览 CMYK 模式下图像的显示，而又不转换模式，可以使用视图菜单下的"校样设置"命令。这种打印前的模式转换，并不是避免损失的最佳办法。最佳的方法是 Lab 模式与 CMYK 模式相结合，这样可以做到损失最小。

（三）Lab 模式

Lab 模式是由国际照明委员会（CIE）于 1976 年公布的一种色彩模式。

用户已经明白，RGB 模式是一种发光的计算机屏幕加色模式，CMYK 模式是一种颜料反光的印刷用减色模式。那么 Lab 是何种处理模式呢？

Lab 模式既不依赖于光线，又不依赖于颜料。它是 CIE 组织确定的一个理论上包括了人眼可见的所有色彩的色彩模式。Lab 模式弥补了 RGB 与 CMYK 两种色彩模式的不足。

Lab 模式由三个通道组成，但不是 R，G，B 通道。它的一个通道是照度，即 L。另外两个是色彩通道，用 a 和 b 表示。a 通道包括的颜色是从深绿（低亮度值）到灰（中亮度值），再到亮粉红色（高亮度值）；b 通道则是从亮蓝色（低亮度值）到灰（中亮度值），再到焦黄色（高亮度值）。因此，这种彩色混合后将产生明亮的色彩。

对于 Lab，RGB，CMYK 三种色彩模式，Lab 模式所定义的色彩最多，RGB 模式次之，CMYK 模式所定义的色彩最少。Lab 模式与光线及设备无关，处理速度与 RGB 模式同样快，并且比 CMYK 模式快数倍。因此，可以放心大胆地在图像编辑中使用 Lab 模式。而且，Lab 模式保证在转换成 CMYK 模式时色彩没有丢失或被替代。因此，最佳避免色彩损失的方法是：应用 Lab 模式编辑图像，再转换成 CMYK 模式打印。

当用户将 RGB 模式转换为 CMYK 模式时，Photoshop 将自动加入一个中间过程，即转为 Lab 模式后再最终转为 CMYK 模式。

（四）HSB 模式

在介绍完了最主要的三种色彩模式后，我们再学习另一种色彩模式——HSB 色彩模式，它在色彩汲取窗中才会出现。

在 HSB 模式中，H 代表色相，S 代表饱和度，B 代表亮度。

- 色相：是纯色，即组成可见光谱的单色。红色在 0 度，绿色在 120 度，蓝色在 240 度。它基本上是 RGB 模式全色度的饼状图。
- 饱和度：代表色彩的纯度，为 0 时即为灰色。白、黑和其他灰度色彩都没有饱和度。在最大饱和度时，每一色相具有最纯的色光。
- 亮度：是色彩的明亮度。为 0 时即为黑色。最大亮度是色彩最鲜明的状态。

（五）索引（Indexed）模式

索引（Indexed）模式就是索引颜色模式，也称映射颜色。在此种模式下，只能存储一个 8bit 色彩深度的文件，即最多 256 种颜色，而且颜色都是预先定义好的。一幅图像的所有颜色都在它的图像文件里定义，也就是将所有色彩映射到一个色彩盘中，称之为彩色对照表。因此，当打开图像文件时，彩色对照表也一同被读入 Photoshop 中，Photoshop 由彩色对照表找出最终的色彩值。

（六）灰度（GrayScale）模式

介绍完彩色世界后，我们就要走入灰色的世界了。其实灰度也是彩色的一种，而且灰色的世界也有绚丽的一面。

灰度文件是可以组成多达 256 级灰度的 8bit 图像，亮度是控制灰度的唯一要素。亮度越高，灰度越浅，越接近于白色；亮度越低，灰度越深，越接近于黑色。因此，黑与白包含在灰度之中，它是灰度模式的一个子集。

灰度模式中只存在灰度。当一个彩色文件被转换为灰度（GrayScale）模式文件时，所有的颜色信息都将从文件中去除。尽管 Photoshop 允许将一个灰度文件转换为彩色模式文件，但不可能将原来的颜色丝毫不变地恢复回去。所以，转换前最好做一个备份。

灰度文件中，图像的色彩饱和度为 0，亮度是唯一能够影响灰度图像的选项。亮度是光强的度量，0% 代表黑，100% 代表白。而在 Color 调色板中的 K 值是用于衡量黑色油墨用量的。

用户可以将图像从任何一种色彩模式转为灰度模式，也可以将灰度模式转为任何一种色彩模式。

（七）位图（Bitmap）模式

黑白位图模式就是只有黑色与白色两种像素组成的图像。有些人认为，黑色既然是灰度色彩的一个子集，因此这种模式用处也就不太大了。这是一种错误的认识。正因为有了位图（Bitmap）模式，才能更完善地控制灰度图像的打印。事实上像激光打印机以及照排机这些输出设备都是靠细小的点来渲染灰度图像的，因此使用位图（Bitmap）模式就可以更好地设定网点的大小形状和相互的角度。

需要注意的是，只有灰度图像或多通道（Multichannel）图像才能被转化为位图（Bitmap）模式，转换时将出现一个对话框，用户可以在对话框中设置文件的输出分辨率和转换方式。具体设置如下：

（1）输出（Output）：指定黑白图像的分辨率。

（2）方法（Method）：提供 5 种转换方式如下：

• 50% 阈值（Threshold）：选用此项，大于 50% 的灰度像素将变为黑色。而小于等于 50% 的灰度像素将变为白色。

• 图案仿色（Pattern Dither）：使用一些随机的黑、白像素点来抖动图像。用这些方式生成的图像很难看，而且像素之间几乎没有什么空隙。

• 扩散仿色（Diffusion Dither）：使用此项用以生成一种金属板的效果。它将采用一种发散过程来把一个像素改变成单色，此结果是一种粒状的效果。

• 半调网屏（Halftone Screen）：这种转换使图像看上去好像是一种半色泽屏幕打印的一种灰度图像。

• 自定义图案（Custom Pattern）：这种转换方式允许把一个定制的图案（用 Edit 菜单中 Define Pattern 命令定义的图案）加给一个位图图像。

注意：图像转换到 Bitmap 模式时，将无法进行其他编辑，甚至不能复原到灰度模式时的图像，因此在转换之前最好做一个备份。

（八）双色调模式

双色调模式也称 Duotone 双色套印模式，用一种灰色油墨或彩色油墨来渲染一个灰度图像，为双色套印或同色浓淡套印模式。在此模式中，最多可以向灰度图像中添加 4 种颜色，这样就可以打印出比单纯灰度要有趣得多的图像。

二、从画一个简单图标开始

1. 启动 Photoshop6.0。选择"文件/新建"菜单。这时，将出现"新建"对话框，如图 3.2.1 所示。将图像的 Width 宽和 Height 高都设为 300 个像素。选择 RGB 色彩模式。

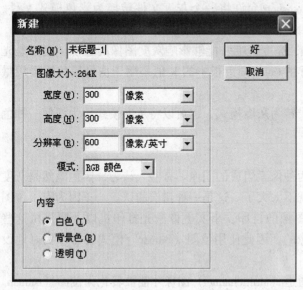

图 3.2.1

2. 选择工具箱中的多边形套索工具（Polygonal Lasso Tool），在图像窗口中单击 5 个点，并在最后一点双击鼠标左键，建立一个多边形选择框，如图 3.2.2 左图所示。

3. 在多边形套索工具（Polygonal Lasso Tool）仍处于选择状态下，按住 Alt 键，在刚建立的多边形选择框内单击 3 个点，并在最后一点双击鼠标左键。这样，就从刚才建立的选择集中减去了一个三角形选择集，如图 3.2.2 右图所示。

在建立选择区域的时候，常常用到选择集的加、减、并的运算。按住 Shift 键，就可将选择区域加入选择集；按住 Alt 键，则会从选择集中减去一个区域；按住 Alt 键和 Shift 键，则新的选择集为选择区域与原来已定义选择集的交集。

选择集建立好了，下面我们把它保存起来，便于以后随时调出使用。

4. 选择"选择/存储选区"菜单，将出现存储选区对话框，如图 3.2.3 所示。选择集是以一个通道的形式保存的。在名称编辑框中输入通道名 s1，按"好"按钮确认即可。

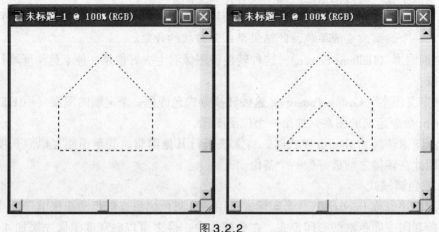

图 3.2.2

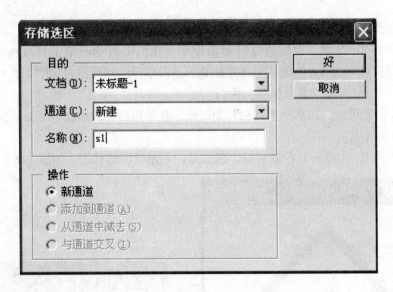

图 3.2.3

这时，我们在 Channels 控制面板中可看到 s1 通道。按住 Ctrl 键单击 s1 通道，就可调出这个选择集。

三、使用路径

下面让我们在图 3.2.2 的选择区域内填充蓝色，就可制作出一个图案，然后再将这个图案在下面对称地复制两个。但是，这个选择区域太粗糙了，我们必须先对其做改进，使其对称，且将尺寸调整到我们满意，这样制作出的图案才能美观。可是，选择区域的边界线我们无法移动。怎么办呢？办法就是使用路径。

下面我们先将选择区域转换为路径。

1. 选择路径控制面板，单击路径控制面板右上角的三角形按钮 ▶，在随后出现的菜单中，选择建立工作路径（Make Work Path）菜单。在建立工作路径对话框中，输入容差（Tolerance）为 1 个像素。按"好"按钮确认后，选择集就转变为路径了。

2. 在工具箱中选择直接选择工具（Direct Selection Tool）▶，拖动路径的控制点直到外形满意为止。

3. 单击路径控制面板右上角的三角形按钮 ▶，在随后出现的菜单中，选择建立选区菜单。在建立选区对话框中，输入羽化半径（Feather Radius）为 0 个像素，选择消除锯齿（Anti-aliased）。按"好"按钮确认后，路径就转变为选择集了。

4. 选择"选择/存储选区"菜单，将出现存储选区对话框。在名称编辑框中输入通道名 s2，按"好"按钮确认保存已修改好的选择集。按 Ctrl + D 取消选择集。

以上是通过路径来建立选择区域；此外还可以用路径生成图像。

5. 在工具箱中选择画笔工具（Paintbrush Tool）✎，在"选项"控制条中选择第二行第三只画笔（柔角 13 像素）。

6. 单击路径控制面板右上角的三角形按钮 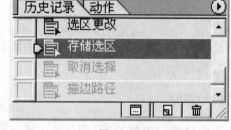，在随后出现的菜单中，选择描边路径（Stroke Path）菜单。在描边路径对话框中，我们可看到画笔工具（Paintbrush Tool）被选择，按"好"按钮确认即可使画笔工具沿路径绘制图像，如图3.2.4所示。

7. 选择"文件/存储"菜单保存文件。

这里，我们还可以选择其他工具来勾划路径，在描边路径对话框的工具下拉列表框中可看到可以选取的工具。

8. 在历史记录（History）控制面板，回到未勾划路径前的状态，如图3.2.5所示。

图3.2.4　　　　　　　　　　　　图3.2.5

我们常常利用历史记录（History）控制面板来回到以前的编辑状态。这样，如果我们操作有错误，就可取消以前的命令。这有些类似编辑菜单中的还原命令，不过编辑菜单中的还原命令只能取消前一次操作，而使用历史记录（History）控制面板则可回到多个命令以前的状态。

需要注意的是，历史记录（History）控制面板所记录的操作次数也是有限的，缺省是记录20次。如果超过记录范围，我们就不能回到以前的状态了。解决的办法是将记录次数设大一些，或在预计将来有可能要返回的状态下，建立快照。选择历史记录（History）控制面板的新快照（New snapshot）菜单可建立快照。在Photoshop 5.0及以前的版本中，选择历史记录（History）控制面板的历史记录选项（History Options）菜单可设置命令记录次数。将命令记录次数设大，同时会耗费更多内存，影响处理速度。

四、认识通道

通道是什么呢？在前面一节，我们在介绍通道控制面板时，已作了阐述。也许你仍是不甚明了。没关系，让我们在下面的练习中加深认识吧。

1. 打开通道（Channels）控制面板，按住Ctrl键，再单击通道名s2，装入选择区域。

也可以选择"选择/载入选区"菜单装入选择区域。

2. 在工具箱中，单击前景色色块，在随后出现的拾色器（Color Picker）对话框中将前景色设为蓝色（R：64，G：0，B：255）。

3. 选择"编辑/填充"菜单，将出现填充对话框，参数设置如图 3.2.6 所示。按"好"
按钮确认，即可用前景色填充选择区域。

如图 3.2.6 所示的填充对话框中，在使用下拉列表框中可选择填充的内容。可选择前景
色（Foreground Color）、背景色（Background Color）、图案（Pattern）、黑色（Black）、白色
（White）和半灰色（50％Gray）来填充选择区域。

4. 在工具箱中选择矩形选框工具（Rectangular Marquee Tool）[图标]，将光标移动到选择框
内，按住鼠标左键，拖动到选择框顶部尖角与原来图案的左下角重合位置。同前步方
法，用前景色填充选择区域。再将选择框拖动到选择框顶部尖角与原来图案的右下角
重合位置。再用前景色填充选择区域，如图 3.2.7 所示。按 Ctrl ＋D 取消选择集。

这里是采用移动选择区域，多次填充的办法，实际也可以采用按住 Ctrl 和 Alt 键，拖动
鼠标复制选择区域图像的办法。

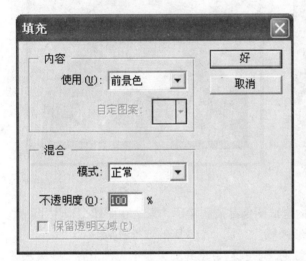

图 3.2.6

图 3.2.7

5. 打开通道（Channels）控制面板，单击其底部第三个建立新通道（Create new channel）
按钮，建立新通道 Alpha 1。这时，图像窗口变成了纯黑色，只有 Alpha 1 通道为可见
状态。

6. 在工具箱中选择线性渐变工具（Linear Gradient Tool）[图标]，将"选项"控制条的参数
设为缺省状态。按 D 键或单击工具箱中的默认前景和背景色（Default Foreground and
Background Colors）图标，将前景背景色设为缺省状态。在图像窗口的顶部中间，按
下鼠标左键，拖动鼠标到图像窗口的底部中间位置，再释放鼠标左键。这样，就从
图像窗口的顶部中间点到底部中间点拖出了一个渐变。按住 Ctrl 键，再单击通道
（Channels）控制面板的 Alpha 1 通道，调出选择集，如图 3.2.8 所示。

7. 在历史记录（History）控制面板中，单击其底部第二个按钮，即创建新快照（Create
new snapshot）按钮，建立一个快照，以便以后回到这个状态。这时，我们可看到在
历史记录（History）控制面板的顶部有了一个快照"快照 1"。

我们看到，图 3.2.8 所示的选择区域好像是一个矩形区域，其实不然。下面我们把选择区域的图像删除，你就会知道现在的选择区域是个什么样子了。

8. 单击通道（Channels）控制面板的 RGB 通道。这时，RGB 通道、R 通道、G 通道、B 通道均为可见状态，s1，s2 和 Alpha 1 则为不可见状态。

RGB 通道实际上不是一个独立的通道，它只是 R 通道、G 通道和 B 通道的综合。

9. 按 Delete 键或选择"编辑/清除"菜单，将选择区域内的图像删除，如图 3.2.9 所示。

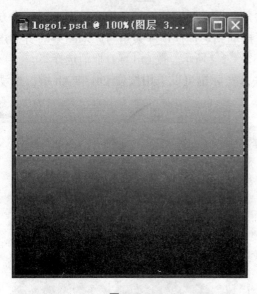

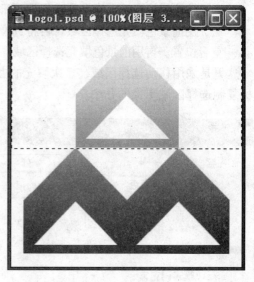

图 3.2.8   图 3.2.9

从图 3.2.9 我们看到并非在选择框内的全部图像都被删除了，只是在图像上产生了一个渐变。这说明刚才定义的选择区域并非矩形区域，它是一个特殊的选择区域。

10. 单击通道（Channels）控制面板的红通道。我们将见到图像显示为一个有 256 级灰度的图像。单击通道（Channels）控制面板的蓝通道，则图像窗口变成了全白色，刚才的图案看不见了。

我们已经知道利用通道来建立和保存选择区域了。我们还可以在不同的原色通道上修改图像，利用 Alpha 通道为渲染后的图像加背景。下面让我们先来认识一下图层。

五、图层的应用

1. 单击历史记录（History）控制面板中的历史快照"快照 1"，使图像回到快照"快照 1"的状态。

2. 在图层（Layers）控制面板，将光标移动到背景（Background）层名上，按住鼠标左键并拖动到创建新的图层（Create new layer）按钮上。这样就复制了一个背景副本（Background copy）层，其图像内容同 Background 层。

复制一个层，也可用"图层/复制图层"菜单，或用图层控制面板的复制图层菜单。

3. 在图层（Layers）控制面板，单击背景层名，从而将当前层设为背景层。选择"选择/全选"菜单或按 Ctrl + A 键，选择全部图像。再按 Delete 键删除背景层的图像

（白色背景不被删除）。

4. 在图层（Layers）控制面板，单击背景副本层名，从而将当前层设为背景副本层。

5. 选择"选择/色彩范围"菜单，将出现色彩范围对话框，并将参数设置为如图 3.2.10 所示。按"好"按钮确认后，即可选择全部蓝色区域。

6. 选择工具箱中的移动工具（Move Tool），将选择区域中的图像移动到画布的中心。

7. 选择"选择/存储选区"菜单，将出现存储选区对话框。在名称编辑框中输入通道名 logo，按"好"按钮确认保存已修改好的选择集。

8. 选择"选择/反选"菜单或按 Shift + Ctrl + I 键反选，也就是选择除当前选择集外的其他区域。按 Delete 键删除选择区域内的图像。按 Ctrl + D 取消选择集。

删除选择区域内的图像后，窗口显示无变化，这是因为窗口显示的是背景副本层和背景层的叠加效果。以上删除的是背景副本层的白色区域，而背景层的白色区域并未被删除。

图 3.2.10

9. 单击图层（Layers）控制面板上背景层名前的眼睛图标指示图层可视性（Indicates layer visibility），使眼睛图标消失，背景层就处于不可见状态。这时，我们就可在窗口中看到背景副本层的白色区域被删除后的效果。

10. 再单击图层（Layers）控制面板上背景层名前刚才显示眼睛图标的地方指示图层可视性（Indicates layer visibility），使眼睛图标重现。Background 层就又处于可见状态了。

下面，我们来做一个飘带穿过徽标，从而进一步认识图层的实际用途。

11. 选择椭圆选框工具（Elliptical Marquee Tool）[○]，在"选项"控制条的样式（Style）下拉列表框中选择固定大小（Fixed Size），并将宽度（Width）设为 460，高度（Height）设为 633。打开信息（Info）控制面板，并将显示单位设置为像素（Pixels）。在图像窗口（70，30）点处单击鼠标左键，从而建立了一个椭圆形选择区域。

12. 在椭圆形选择工具仍处于选择状态下，将"选项"控制条的宽度设为 364，高度设为 567。打开信息控制面板，按住 Alt 键，在图像窗口（116，46）点处单击鼠标左键。这样就从上一步定义的椭圆形选择区域减去了这个椭圆形区域。

以上是用两个椭圆形选择区域相减，从而得到一个飘带形状的选择区域。为了较精确地确定椭圆形选择区域，选择了固定大小（Fixed Size）的方式。

13. 选择"选择/存储选区"菜单，将选择区域保存在 strip 通道上。

14. 单击图层（Layers）控制面板的创建新的图层（Create new layer）按钮，建立图层"图层 1"。用鼠标右键单击图层名"图层 1"，选择"图层属性"，在随后出现的图层属性对话框中，将层名改为 strip。

这时，strip 层为当前层。

15. 将前景色设为黄色（R：255，G：222，B：0）。选择"编辑/填充"菜单，用前景色填充选择区域。按 Ctrl + D 取消选择集。

这时，从图层（Layers）控制面板可见到，填充的图像放在 strip 层上。如图 3.2.11 所示。

16. 打开 Channels 通道控制面板，按住 Ctrl 键，单击 logo 通道名调出选择集。再同时按住 Ctrl 键、Alt 键和 Shift 键，单击 strip 通道名，得到 logo 和 strip 相交部分的选择区域。

17. 选择"选择/存储选区"菜单，将选择区域保存在 intersect 通道上。

18. 选择矩形选框工具 ，单击"选项"控制条左边的 ，选择复位工具，将"选项"控制条的参数设为缺省状态。按住 Alt 键和 Shift 键，从坐标为（50，295）的像素点处到坐标为（190，134）的像素点处拖出一个矩形选择框。

19. 按住 Alt 键，再从坐标为（70，268）的像素点处到坐标为（170，170）的像素点处拖出一个矩形选择框。这时，选择集如图 3.2.12 所示。

图 3.2.11

图 3.2.12

20. 选择"选择/存储选区"菜单，将选择区域保存在 intersect 1 通道上。

21. 打开图层控制面板，在 strip 层名上，按住鼠标左键并拖动到创建新的图层按钮上，就建立新层 strip 副本，并将 strip 层上的图像复制到了 strip 副本层上。将 strip 副本层拖到背景副本层和背景层之间。

22. 从 intersect 1 通道上调出选择集，选择"选择/反选"菜单反选。在 strip 副本层仍处于当前层时，按 Delete 键删除选择区域内的图像。

23. 选择"选择/反选"菜单再次反选。设 strip 层为当前层。按 Delete 键删除选择区域内的图像。按 Ctrl + D 取消选择集，如图 3.2.13 所示。

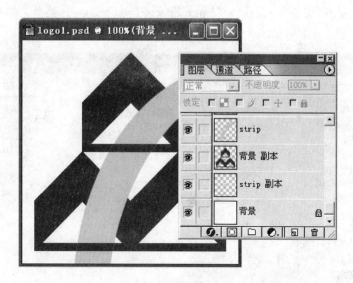

图 3.2.13

由图 3.2.13 看出，我们利用层的顺序，使黄色带某部分区域的图像处于蓝色图像之下，从而创造出了黄色飘带穿越蓝色徽标的效果。这在制作建筑效果图时，很有实际应用意义。我们在为渲染后的图像加配景时，常常遇到配景某部分在渲染生成的图像之后的情况。这里的 strip 副本层实际上对图像最终效果没有作用，它完全被覆盖了。但有时使用了透明材质，配景不完全被遮盖，那么下面的一层就起作用了。

24. 选择"文件/存储为"菜单，将图像保存到文件 logo.psd 中。

3.3　常用技巧

一、阴影

在图像中添加阴影，是在效果图制作中常用的技巧之一。比如，我们在渲染生成的图像中，加了一个人物图像后，就要相应地加上这个人物所投射的阴影；又比如，我们在墙上加了一幅画，那么画框会在墙上投射阴影；再比如，在地上放置一盆花，它也会在地面投射阴影。这些东西我们往往不在模型中输入进去，而是选择 Photoshop 等图像处理软件，将它们加入到渲染后生成的图像中。当然，这样制作的阴影并不准确，只能靠我们人为推测把阴影加上去。不过，一般这些阴影不复杂且并不十分重要，而这样却可节省很多工作。因此，我们也就这样做了。

我们来看看前一节制作的飘带穿过徽标的图像，我们会觉得飘带穿过徽标的效果不太逼真。我们可以想象到，若让飘带在徽标上投射阴影，让徽标也在背景上投射阴影后，效果一定不错。那么，就让我们用这个例子来学会制作阴影的几种方法。

（一）用"图层/图层样式/投影"菜单生成阴影

1. 选择"文件/打开"菜单，打开 logo.psd 图像文件。

2. 将 strip 层设为当前层。

3. 选择"图层/图层样式/投影"（Layer/Effects/Drop Shadow）菜单，将出现图层样式对话框，如图 3.3.1 所示。

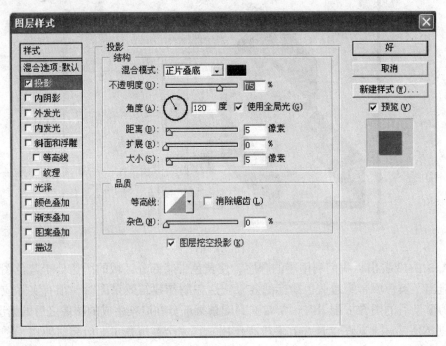

图 3.3.1

在图层样式对话框中，混合模式选择项用于指定加阴影的模式。不同的模式所产生的阴影效果不同。

不透明度（Opacity）为阴影的不透明度。取值范围为 0 ~ 100%。

角度（Angle）为阴影的投射角度。

距离（Distance）为阴影相对当前层的偏移距离。

大小（Blur）为阴影的模糊程度。数值越大，阴影的边界越模糊。

扩展（Intensity）参数用于调整阴影的亮度百分比。取值范围为 0 ~ 100%。数值越大，亮度也越大。

4. 将图层样式对话框中的参数设置为如图 3.3.1 所示，也即缺省的设置。按"好"按钮确定。这时，strip 层就投射了阴影。

5. 用同上办法，生成背景副本层的阴影效果，如图 3.3.2 所示。

然而，图 3.3.2 所示的阴影并不能体现飘带穿过徽标的效果。徽标在飘带之上的部分应在飘带上投射阴影却被飘带的图像层覆盖了，而不该在徽标上投射阴影的地方却有阴影。但是，我们用 Layer/Effects/Drop Shadow 菜单产生的阴影却无法修改。下面让我们单独做一个阴影层，这样就可任意修改阴影层的图像，以满足我们的要求。

（二）建立阴影层，用高斯模糊（Gaussian Blur）滤镜制作阴影效果

1. 在历史记录（History）控制面板中，回到文件 logo.psd 刚打开时的状态，或放弃保存修改，重新打开文件 logo.psd。

这时，图像为如图 3.2.13 所示。

2. 将 strip 层下面的背景副本层设为当前层，按图层控制面板的创建新的图层按钮，在 strip 层下建立新层图层 1。这时，图层 1 层自动变为当前层。图层 1 层处于背景副本层和 strip 层之间。

3. 打开通道控制面板，按住 Ctrl 键，再单击通道控制面板上的 strip 通道名，调出保存在 strip 通道的选择集。

4. 选择"编辑/填充"菜单，在随后出现的填充对话框中，将使用参数设置为 50% 灰色，将模式参数设为正常。按"好"按钮确定。

5. 选择移动工具 ，将图层 1 层图像向右下方位移（5，5）。

图 3.3.2

6. 将背景副本层下面的 strip 副本层设为当前层，按图层控制面板的创建新的图层按钮，在背景副本层下建立新层图层 2。这时，图层 2 层自动变为当前层。图层 2 层处于背景副本层和 strip 副本层之间。

7. 打开通道控制面板，按住 Ctrl 键，再单击通道控制面板上的 logo 通道名，调出保存在 logo 通道的选择集。

8. 选择"编辑/填充"菜单，在随后出现的填充对话框中，将使用参数设置为 50% 灰色，将模式参数设为正常。按"好"按钮确定。

9. 选择移动工具，将图层 2 层图像向右下方位移（5，5）。

图 3.3.3

10. 在图层 2 层处于当前层时，选择"滤镜/模糊/高斯模糊（Filter/Blur/Gaussian Blur)"菜单，并将半径参数设置为 5 个像素。将图层 1 层设为当前层，选择"滤镜/模糊/高斯模糊"菜单，并将半径参数设置为 5 个像素。

对图层 1 层和图层 2 层应用高斯模糊滤镜后，阴影的效果如图 3.3.3 所示。

现在阴影已经建立好了，但还需要调整层的位置，使该看到的阴影出现，不该出现的阴影去掉。

11. 复制图层 2 层为图层 2 副本层，并将图层 2 副本层拖到最前面，即在 strip 层之上。将图层 2 副本层设为当前层。

12. 打开通道控制面板，按住 Ctrl 键，再单击通道控制面板上的 strip 通道名，调出保存在 strip 通道的选择集。选择"选择/反选"菜单反选。按 Delete 键删除选区内当前层的图像。

13. 用矩形选框工具 ，选择（68，268）–（185，165）和（134，134）–（246，60）两个选择区域。按 Delete 键删除选区内当前层的图像。同样方法删除其他不需要的阴影。最终效果如图 3.3.4 所示。

图 3.3.4

（三）"图层/图层样式"（Layer/Effects）菜单介绍

以上介绍了用"图层/图层样式"菜单生成阴影效果方法，实际上还可以用这个菜单生成其他效果。下面简单介绍一下。

"图层/图层样式/内阴影（Inner Shadow）"菜单用于在当前层图像的内边缘加阴影，使图像产生一种凹陷的效果。它的参数与"图层/图层样式/投影"菜单基本一样。

"图层/图层样式/外发光（Outer Glow）"菜单用于在当前层图像的外边缘增加一种光芒四射的效果，即辉光效果。

"图层/图层样式/内发光（Inner Glow）"菜单用于在当前层图像的内边缘增加辉光效果。

"图层/图层样式/斜面和浮雕（Bevel and Emboss）"菜单用于在当前层图像上增加各种强光和阴影的组合效果，从而产生浮雕般的效果。

（四）人物投射到地面的阴影

以上介绍的两种生成阴影效果的方法，其实是一样的，都是模仿平面图像与投影平面平行的情况。但若要生成人物投射到地面的阴影，这些方法就不合适了。下面我们来学习一下怎样制作人物投射到地面的阴影。

1. 用"文件/打开"菜单打开一个有人物的图像文件，这里用的是一个女孩的生活照 girl.psd。你可以到网上去下载这个文件，网址为：http://www.adri.scut.edu.cn/lyx，也可以随便选一个其他的人物图像来做练习。

2. 复制人物所在层，这里是复制 girl 层，生成 girl 副本层。用鼠标右键单击图层控制面板上的图层名"girl 副本"，选择"图层属性"，在随后出现的图层属性对话框中，将层名改为 girl shade。

这时，当前层自动变为 girl shade 层。

3. 按住 Ctrl 键，单击图层控制面板上的"girl shade"层名，选择全部非透明区域，即整个人物图像范围。选择"编辑/填充"菜单，并将使用参数设为 50% 灰色，填充选择区域。

4. 选择"编辑/变换/扭曲（Edit/Transform/Distort）"菜单，这时将有一个矩形框包围整个选择区域，这个矩形框上有 9 个控制点。按住矩形框上部中间的一个控制点，左右移动到适当位置。如图 3.3.5 所示。

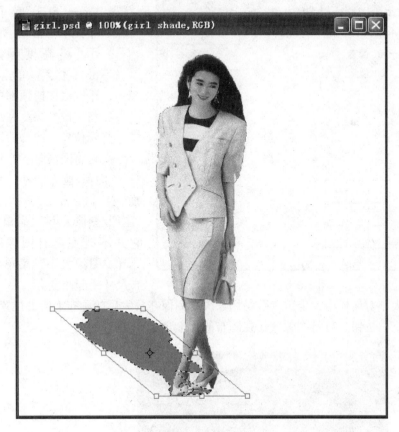

图 3.3.5

这样，人物投射到地面的阴影就基本完成了。也可以再对阴影施加"高斯模糊（Gaussian Blur）"滤镜，使其边缘柔和一些。

用这种方法制作的阴影，实际上很不准确。但对于建筑效果图的大多数情况，这已满足要求了。如果一定要求更精确的阴影，就得将人物的三维模型输入 MAX 中进行渲染了。

二、水中倒影

水中倒影就是物体投射到水中的阴影，不过它比一般的阴影更复杂。当然，我们可以在 MAX 中输入模拟水的材质，从而渲染出水中倒影效果。但那样的话，渲染速度将大大降低。因此，我们有时也会选择在 Photoshop 中生成水中倒影效果。

1. 打开 testmat.tga 图像文件，这是在第二章 2.6 节的练习中，MAX 渲染生成的图像文件。

2. 打开图层控制面板，用鼠标左键按住背景层名拖动到图层控制面板的建立新的图层按钮上，复制背景层为背景副本层。

3. 单击工具箱中背景前景初始化标志或按 D 键，将背景色和前景色设置为缺省状态，即前景色为黑色，背景色为白色。

4. 单击工具箱中背景前景切换标志或按 X 键，使背景色和前景色互换。

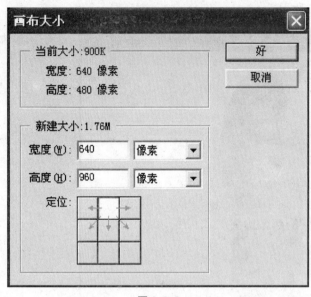

图 3.3.6

5. 选择"图像/画布大小(Image/Canvas Size)"菜单,将出现画布大小对话框,如图 3.3.6 所示。将高度参数设为 960 pixels 像素。单击定位项下九个空白按钮顶部中间的一个,将定位参数设为如图 3.3.6 所示位置。按"好"按钮确定,即可将图幅向下扩大一倍。

"图像/画布大小"菜单是用于改变画布尺寸的。它与"图像/图像大小"菜单不同的是,它并不改变已有图像的尺寸,而"图像/图像大小"菜单将图像和画布尺寸一起改变。

在画布大小对话框中,定位参数是用来决定图像在放大后的画布上所处位置的。如单击其左上角的空白按钮,可将图像放置在画布的左上角。

图 3.3.7

6. 按 Ctrl + O 键，显示全部图像。

7. 选择"编辑/变换/垂直翻转（Edit/Transform/Flip Vertical）"菜单，将图像翻转。

8. 在工具箱中选择移动工具 [图]，在背景副本层为当前层的情况下，按住 Shift 键和鼠标左键拖动，将背景副本层的图像向下移动到适当位置。

9. 选择"滤镜/模糊/高斯模糊（Filter/Blur/Gaussion Blur）"菜单，在随后出现的高斯模糊对话框中，将半径参数设为 2.5 pixels 像素。使用高斯模糊滤镜后，阴影将具有模糊效果。

10. 在图层控制面板中，将背景副本层的不透明度设为 50%；将背景副本层名改为 Shade，如图 3.3.7 所示。

水中的倒影根据远近不同清晰程度应该有渐变的效果。我们下面通过渐变工具建立选择集，再删除选择区域内的图像，从而实现这种图像效果。

11. 在图层控制面板中，单击 shade 层名，将 shade 层设为当前层。

12. 选择"图层/添加图层蒙板/显示全部（Layer/Add Layer Mask/Reveal All）"菜单，建立层蒙板。

13. 单击工具箱中的"以快速蒙板模式编辑（Edit in Quick Mask Mode）"按钮，设定编辑模式为快速屏蔽模式。

14. 选择工具箱中的线性渐变工具 [图]，将"选项"控制条中的 Gradient 参数设为前景色到背景色渐变，即缺省设置。从图像窗口的下部中间向图像中间偏上位置拉出一个渐变。

15. 单击工具箱中的"以标准模式编辑 Edit in Standard Mode"按钮，设定编辑模式为标准模式。这时，可见到已建立了一个选择集。按 Delete 键删除选择区域内的图像。完成后的效果如图 3.3.8 所示。

至此，水中倒影的效果基本完成了。最后我们还可通过调整 shade 层的不透明度，调节阴影的可见度。

三、添加背景

在制作效果图的时候，常常渲染后再用 Photoshop 软件来给效果图

图 3.3.8

添加背景，如天空等。

1. 打开 testmat.tga 图像文件，这是在第二章 2.6 节的练习中，MAX 渲染生成的图像文件。选择"图像/图像大小"菜单，将出现图像大小对话框，从该对话框就可知道该图像的尺寸为 640×480。

2. 打开图层控制面板，用鼠标左键按住背景层名拖动到图层控制面板的创建新的图层按钮上，复制背景层为背景副本层。将背景副本层名改为 Balls。

3. 打开通道控制面板，按住 Ctrl 键单击 Alpha 1 通道，调出选择集。按 Ctrl + Shift + I 键反选。在 Balls 层为当前层的情况下，按 Delete 键删除选择区域内的图像。

4. 打开图层控制面板，将当前层设为背景层。按 Ctrl + A 键，选择全部。按 Delete 键删除选择区域内的图像。

5. 单击图层控制面板上的创建新的图层按钮，建立新层图层1。这时，从图层控制面板上可看到，图层1层在背景层和 Balls 层之间。将当前层设为图层1层。

6. 打开一个用作背景的图像，这里用的是一幅日落的风景照 sundown.jpg。该图像的尺寸为 640×480。如果你使用其他图像，请将图像尺寸改为 640×480，即改为与 testmat.tga 文件的图像尺寸相同。

7. 按 Ctrl + A 键，选择全部。按 Ctrl + C 键将选择区域内的图像复制到剪贴板。

8. 激活 testmat.tga 图像窗口。在 Layer1 层为当前层的情况下，按 Ctrl + V 键将剪贴板中的图像复制到当前层图层1层。完成后的效果如图 3.3.9 所示。

图 3.3.9

9. 选择"文件/存储为"菜单，将合成后的图像保存在 balls.psd 文件中。

这里在添加背景的时候，用到了 Alpha 通道。我们应用 Alpha 通道很方便地选择出前景图像，使背景与前景图像分离，从而方便地替换了原来的背景。当我们在 MAX 的模型中有透明材质、网格材质等情况时，或图像的边界很复杂，如不用 Alpha 通道，要选择出前景图像将很困难。因此，在 MAX 渲染后保存图像时，要注意用可以保存 Alpha 通道的图像格式。

四、色调的调整

在制作效果图时，常常要用到对图像色调的调整。比如，我们为渲染后的图像更换了背景，或加了人物、花草等配景，我们往往要调整它们的色调，使之互相协调。图像的色彩、饱和度、亮度、对比度等，都可以在 Photoshop 中进行调整。下面我们先来介绍一下主要用来对图像色调进行调整的"图像/调整"菜单，如图 3.3.10 所示。

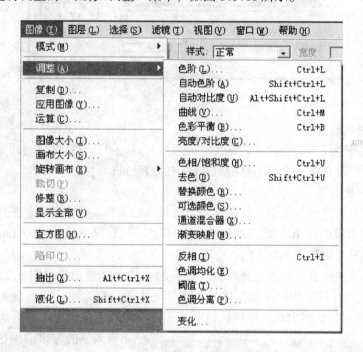

图 3.3.10

（一）色阶层次调整

选择"图像/调整/色阶"菜单后，将出现色阶对话框，如图 3.3.11 所示。

在色阶对话框中，通过拖动滑块可以压缩或扩张图像的亮度值范围，可调整图像的对比度、饱和度。按自动按钮可以自动调整。

从通道列表框中，可选择要编辑的色彩通道。输入色阶选项影响图像中选择区域的最暗和最亮色彩。拖动黑色滑块，可以把某些像素变为黑色。如选择值为 50，则色值为 50 及以下的像素将变为黑色；中间滑块用于调整灰度；右边白色滑块可以把某些像素变为白色。色阶对话框右边三个吸管工具的功能分别与这三个滑块对应。

输出色阶选项通过加亮最暗的像素和降低最亮的像素的亮度，来缩减图像亮度色阶的范围。左边为黑色范围，输入数字或拖动滑块可确定其数值；数值确定后，图像中将没有比这个色阶更暗的像素了。右边为白色范围，输入数字或拖动滑块可确定其数值；数值确定后，图像中将没有比这个色阶更亮的像素了。

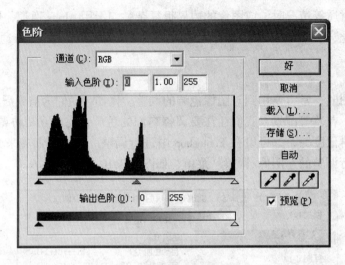

图 3.3.11

（二）自动色阶调整

选择"图像/调整/自动色阶（Image/Adjust/ Auto Levels）"菜单可自动调整图像层次，其功能同"图像/调整/色阶"菜单的色阶对话框中的自动按钮。

（三）利用曲线调整

这是一个调整色泽和校正颜色的最丰富、最强劲的工具。用它可调整图像色泽曲线上的任何点，以改变图像的色泽范围。选择"图像/调整/曲线（Image/Adjust/ Curves）"菜单后，将出现曲线对话框，如图 3.3.12 所示。

在曲线对话框中，横轴代表色泽输入值，竖轴代表色泽输出值。图 3.3.12 所示曲线为45°直线，即曲线上全部点的色泽输出值等于色泽输入值，那么图像将不会发生改变。当曲线不是 45°直线的时候，将出现色泽输出值不等于色泽输入值的情况，那么所有颜色值等于色泽输入值的像素的颜色值将变为色泽输出值。

在层次曲线上按住鼠标左键拖动，可改变曲线并在曲线上添加控制点。控制点表示成小黑点的状态，最多可有 15个控制点。

从通道列表框中，可选择要编辑的色彩通道。单击自动按钮，可自动调节亮度，但不在曲线上反映出其变化状态。

（四）色彩平衡

使用该工具可在图像的高亮区、一般亮度区及阴影区三者之一中添加新的过渡色彩，并可混合各处色彩，以增加色彩的均衡效果。选择"图像/调整/色

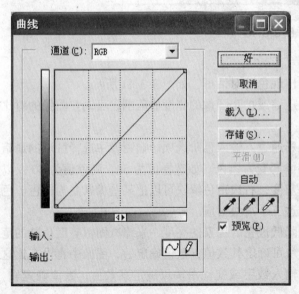

图 3.3.12

156

彩平衡（Image/Adjust/ Color Balance）"菜单后，将出现色彩平衡对话框，如图 3.3.13 所示。

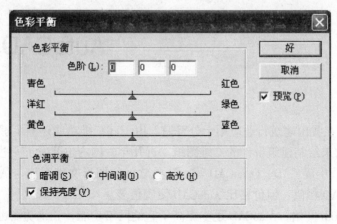

图 3.3.13

在色彩平衡对话框中，选择保持亮度（Preserve Luminosity）选项，可以保持原图像中的亮度。

（五）亮度和对比度

选择"图像/调整/亮度/对比度（Image/Adjust/ Brightness/Contrast）"菜单后，将出现"亮度/对比度"对话框。在"亮度/对比度"对话框中，拖动亮度滑块，可调整图像的亮度；拖动对比度滑块，可调整图像的对比度。

（六）色调和饱和度

选择"图像/调整/色相/饱和度（Image/Adjust/ Hue/Saturation）"菜单后，将出现"色相/饱和度"对话框。在"色相/饱和度"对话框中，选择"着色（Colorize）"选项，可在一幅由灰度图像转化而成的 RGB 图像中产生颜色，或制作一种 Monotone 单调的效果。用鼠标拖动色相（Hue）、饱和度（Saturation）、亮度（Lightness）滑块可分别改变图像的色调、饱和度和亮度。

（七）去色

该菜单使图像色彩不饱和。

（八）替换颜色

选择"图像/调整/替换颜色（Image/Adjust/ Replace Color）"菜单后，将出现"替换颜色"对话框。在"替换颜色"对话框中，通过拖动颜色容差（Fuzziness）滑块及用吸管工具选择颜色决定一个色彩区域，再用鼠标拖动色相（Hue）、饱和度（Saturation）、亮度（Lightness）滑块，可分别改变该色彩区域范围内图像的色调、饱和度和亮度。

（九）可选颜色

该菜单用于优化色彩校正效果，调整所用颜色由四色打印色彩组成的百分比，有相对和绝对两种调整方式。

（十）通道混合器

通道混合器用若干当前通道的混合值修改所选通道，做出创造性的颜色调节效果。

第四章

AutoCAD 的使用

AutoCAD 目前在我国建筑行业应用十分普遍。由于其三维功能还不足够强大，我国建筑行业主要还是用它来绘制建筑设计的二维图纸。近几年，国内也开发了一些与 AutoCAD 类似的软件，如 ICAD、中望 CAD、OpenCAD 等。这些软件的图形文件都能与 AutoCAD 兼容，用户界面也与 AutoCAD 相似，但价格比 AutoCAD 便宜很多。

从 AutoCAD2000i 开始，AutoCAD 逐步提高了它的网络功能，三维功能也提高了不少。随着国际互联网的发展和普及，AutoCAD 网络功能的作用将越来越大，它使得设计师异地讨论方案十分方便。如广州国际会展中心就是由华南理工大学建筑设计研究院和日本株式会社佐藤综合计画通过网络合作设计的。可以预见，随着计算机硬件和软件的进一步发展，不远的将来，建筑设计也会实行计算机三维辅助设计。

4.1 AutoCAD 的用户界面

AutoCAD R14、AutoCAD 2000、AutoCAD 2002、AutoCAD 2003、AutoCAD 2004 的用户界面除了图形的打印输出外，区别并不太大。AutoCAD 2000 以上的版本对图形的打印输出做了较大的改动，习惯使用 AutoCAD R14 的用户，刚使用 AutoCAD 2000 以上版本打印输出图形的时候，可能会感到不方便。除此以外，熟悉 AutoCAD R14 版本的用户使用 AutoCAD 2000 以上的任何版本都不会有障碍。因此，以下主要围绕 AutoCAD R14 中文版来讲解。对于 ΛutoCAD 2000 以上的版本，则只介绍与 AutoCAD R14 版有较大不同的地方。

启动 Windows，单击左下角开始按钮，选择程序，再选择 AutoCAD R14，再选择 AutoCAD R14 中文版，就可启动 AutoCAD R14。AutoCAD R14 版的界面如图 4.1.1 所示，分为下拉菜单、工具栏、命令窗口、状态栏和绘图区几部分。

状态栏显示光标坐标和模式状态（如栅格和捕捉）。模式名称总是作为可选按钮在状态栏中显示。可双击"捕捉"、"栅格"或"正交"将它打开。

命令窗口是用于输入命令的窗口，AutoCAD 在该窗口中显示提示行和有关信息。对于大多数 AutoCAD 命令，带有两到三行先前提示（称为命令历史）的命令行已足够。有文本输出的命令，如 LIST，可能需要扩大命令窗口。按 F2 键可以显示 AutoCAD 文字窗口，查看更多的命令历史。可以通过滚动条滚动阅览多行命令历史。

单击工具栏上的图标可执行 AutoCAD 命令。工具栏随时可以关闭和打开。在 AutoCAD R14 中文版中，从"视图"菜单中选择"工具栏"，再单击要显示的工具栏名称旁边的方框就可以关闭或打开某个工具栏。在 AutoCAD 2000 以上版本中，从"工具"菜单下面的"自定义"子菜单中选择"工具栏"，再选择菜单组中的某个菜单组，单击要显示的工具栏名称

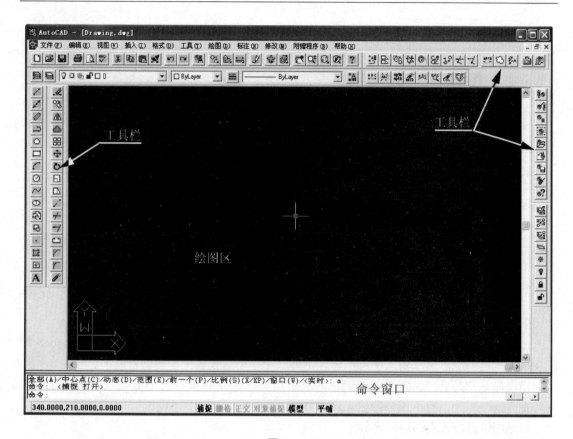

图 4.1.1

旁边的方框就可以关闭或打开某个工具栏。ACAD 菜单组中的工具栏为 AutoCAD 常用工具栏。

输入 AutoCAD 命令有几种方式：一种是用键盘在命令窗口中输入，一种是通过选择"绘图"菜单来输入，再就是单击"绘图"工具栏上的图标。但为了快速地进行绘图，我们常常采用在命令窗口中用键盘输入命令的方式。AutoCAD 的命令都可以采用缩写的方式进行输入，如画直线的命令为"LINE"，输入缩写"L"即可。

AutoCAD 命令的缩写由 acad.pgp 文件定义。acad.pgp 文件在安装 AutoCAD 程序的目录下的 SUPPORT 子目录中。如 acad.pgp 文件包含下面内容：

A， ＊ARC

C， ＊CIRCLE

CP， ＊COPY

表示绘制圆弧的命令 ARC 可缩写为 A；绘制圆的命令 CIRCLE 可缩写为 C；复制图形的命令 COPY 可缩写为 CP。我们可以在 acad.pgp 文件中添加和修改 AutoCAD 命令的缩写。

一、AutoCAD 绘图命令

AutoCAD 绘图命令就是"绘图"菜单下的命令。

下面我们来绘制一条直线。在命令窗口中输入 LINE 命令，出现提示"起点："，如图

4.1.2 所示。

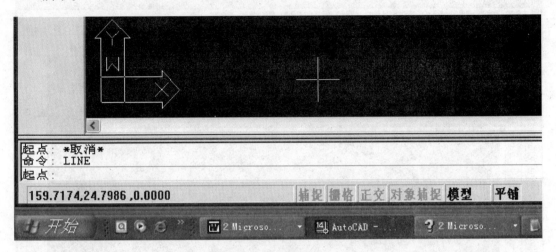

图 4.1.2

下面我们为了简便起见，按如下方式来表述：

命令：LINE ＜Return＞ 输入 LINE 命令。＜Return＞表示按键盘上的回车键＜Return＞键或＜Enter＞键。除了请求输入字符串外，也可以用空格键代替回车键进行输入。

出现提示"起点："，表示 AutoCAD 请求用户输入这条线段的第一个端点。怎样输入点呢？在 AutoCAD 中，有下面一些输入点的方法：

（1）用键盘输入点的绝对坐标

比如我们要输入坐标为（10，10）的点，可以输入：10，10 即可。如果我们不想继续执行这条命令，可以按键盘上的"Esc"键回到准备输入下一条命令的状态。

（2）用键盘输入点的相对坐标

当知道某点与前面点的位置关系时，我们使用这个方法来确定这个点的坐标。比如我们知道这两个点的坐标差为（dx，dy），我们就输入@dx，dy 即可；假如我们知道这两个点的距离为 d 及两个点的连线与 X 轴的夹角为 θ，则输入@d＜θ 即可。

（3）使用定点设备指定点的位置

定点设备包括鼠标和数字化仪，数字化仪现在已较少使用了。我们在 AutoCAD 的绘图区移动鼠标的时候，十字光标也会跟随移动，状态条的坐标会不断变化。当我们按下鼠标左键时，就输入了这个坐标。

下面我们来绘制一个正方形：

命令：LINE ＜Return＞ 输入 LINE 命令。

起点：在 AutoCAD 的绘图区移动鼠标到绘图区的左下方，并按下鼠标左键，输入线段的起点。

下一点：@100，0

下一点：@100＜90

下一点：@－100，0

下一点：C 输入 C 表示与起点连接，于是形成了一个正方形

（4）使用对象捕捉

使用对象捕捉是在对象上准确定位的快捷方法。比如，我们在绘图区已有一条线段，我们要从某一点做一条到这条线段的中点的连线，我们可以使用以下命令来完成：

命令：LINE < Return >　输入 LINE 命令。

起点：移动鼠标，并按下鼠标左键，输入线段的起点。

下一点：mid < Return >　用键盘输入 mid，命令窗口接着会显示一个"于"字。这时将光标移到那条线段上，将会出现一个黄色三角形。按下鼠标左键，就捕捉到了这条线段的中点。

此外，还有如下对象捕捉方式：end（线段或圆弧的端点）、cen（圆或圆弧的圆心）、int（两条线段或圆弧的交点）、per（垂足）、tan（切点）等。

AutoCAD 的绘图命令还有 ARC（圆弧）、CIRCLE（圆）、TEXT（文字）等，这里不一一介绍了。

二、AutoCAD 图形编辑修改命令

图形编辑修改命令用于对已有的图形进行修改或删除，这些命令都在"修改"菜单下。

ERASE 命令用来删除已有的图形。输入 ERASE 命令后，命令窗口中将出现"选择对象："的提示。这表示 AutoCAD 程序请求我们选择要删除的图形。选择图形有如下几种方法：

（1）使用拾取框选择图形

当命令窗口中出现"选择对象："的提示，请求我们选择图形时，绘图区的十字光标就变成了拾取框，我们移动鼠标就可以移动拾取框。我们将拾取框移动到要选择的图形上，再按鼠标左键就选择了图形。

（2）使用窗口选择

这种方法是指定两个角点来定义一个矩形区域，从而选择在这个矩形区域内的所有图形。这有两种处理方式，一种是仅选择完全在选择区内的图形，我们叫它为"窗口选择"；另一种方式除选择窗口选择区内，还选择与窗口选择区边框相交叉的图形，我们叫它为"交叉选择"。

在"选择对象"提示处输入 w，可进行"窗口选择"；输入 c，可进行"交叉选择"。

（3）使用选择栏

在"选择对象"提示处输入 f（栏选），输入几个点，这几个点连成的折线穿过的图形将被选择。

（4）多边形窗口选择和多边形交叉选择

这种方法与矩形窗口选择相似。输入几个点，这几个点围成一个多边形，我们可选择在这个多边形区域内的所有图形（多边形窗口选择），或除此外还选择选择区边框相交叉的图形（多边形交叉选择）。

在"选择对象"提示处输入 wp，可进行"窗口选择"；输入 cp，可进行"交叉选择"。

被选择的图形将变为虚线的形式。输入回车 < Return > 可以结束选择。

COPY 命令用来复制图形。输入 COPY 命令后，命令窗口中将出现"选择对象:"的提示。使用前面所述的选择图形的方法选择了要复制的图形后，命令窗口中将出现"< 基点或位移 > /多重（M):"的提示。我们可指定两个点，这两个点就定义了一个位移矢量，从而确定了选定对象的移动距离和移动方向。

AutoCAD 的图形编辑修改命令还有：MIRROR（镜像，指定一个对称轴生成对称的图形）、OFFSET（偏移，如生成平行线）、ARRAY（创建矩形或环形阵列）、MOVE（移动）、ROTATE（旋转）、STRETCH（拉伸）、TRIM（修剪）、EXTEND（延伸）等。

三、AutoCAD 显示控制命令

显示控制命令主要有 ZOOM（放大与缩小）、PAN（平移）、VPOINT（显示三维图形的轴测图）、DVIEW（平行投影或透视图）等。

输入 ZOOM 命令，将出现以下提示：

全部（A）/中心点（C）/动态（D）/范围（E）/前一个（P）/比例（S）（X/XP）/窗口（W）/< 实时 >：

上面提示的意思是：

输入 A，表示在当前视口中显示全部内容，当前视口指的是屏幕上 AutoCAD 当前用来显示图形的区域。如果图形所占的范围小于图形界限，则缩放到图形界限；如果图形所占的范围大于图形界限，则缩放到图形所占的范围。图形界限可用 LIMITS 命令进行设置。

输入 C，表示缩放显示由中心点和缩放比例（或高度）所定义的窗口。这个选项较少使用。

输入 D，将出现一个视图框。移动鼠标可移动视图框，按鼠标左键后，再移动鼠标可改变视图框的大小。按鼠标右键，将显示视图框内的图形。

输入 E，表示在当前视口中显示全部内容，且缩放到图形所占的范围。

输入 P，表示回到前面的显示状态。

尖括号 < > 内的选项为缺省选项；回答这个提示的不同选项用 / 隔开。

四、AutoCAD 的图层

在 AutoCAD 中，可以将图形分为若干层。通常我们将不同性质的图形分别画在不同的层上，以方便进行检查和绘制。特别是三维建模，我们将图形分层将有利于我们区分不同的图形。通过打开某些层的显示和关闭某些层的显示，使我们简化在显示屏上的显示，从而容易分辨它们。

AutoCAD 打开一个新图形的时候，就有一个缺省的 0 图层。我们可使用 LAYER 命令建立新的图层、关闭或打开某些图层的显示、冻结或解冻某些图层、将某一图层设为当前图层、设定图层的颜色、设定图层的线型、设定图层的线宽等。将某一图层设为当前图层后，之后用 AutoCAD 的绘图命令绘制的图形都会放在这个层上。但用图形编辑修改命令复制的图形，将放在被复制图形原来所处的图层上。

五、AutoCAD 中有关创建三维图形的菜单

AutoCAD 中有关创建三维图形的菜单主要有三部分：一是"绘图"菜单中建立三维模型的命令，如图 4.1.3 所示；二是"修改"菜单中编辑和修改三维模型的命令，如图 4.1.4 所示；三是"视图"菜单中设置光源、材质及进行渲染的命令，如图 4.1.5 所示。

图 4.1.3

图 4.1.4

"绘图"菜单中建立三维模型的命令有 BOX（长方体）、SPHERE（球体）、CYLINDER（圆柱体）、CONE（圆锥体）、WEDGE（楔体）、TORUS（圆环体）等。这部分菜单 AutoCAD 14 版与 AutoCAD 2000 以上各版本都基本上差不多。

对于"修改"菜单中编辑和修改三维模型的命令，AutoCAD 2000 以上版本增加了不少内容。图 4.1.4 所示是 AutoCAD 2004 版的菜单。AutoCAD 14 版本中的"布尔运算"菜单，在 AutoCAD 2000 以上版本中变成了"实体编辑"菜单。而 AutoCAD 14 版本中的"布尔运算"菜单仅有 UNION（并集）、SUBTRACT（差集）、INTERSECT（交集）三个命令。

AutoCAD 三维模型的创建、编辑和修改命令，我们将在下一节通过练习来熟悉。

AutoCAD2004 版的渲染功能也有了一些提高。但我们一般还是要用 3ds max 来做渲染，因此，这里不对 AutoCAD 的渲染功能做详细介绍了。

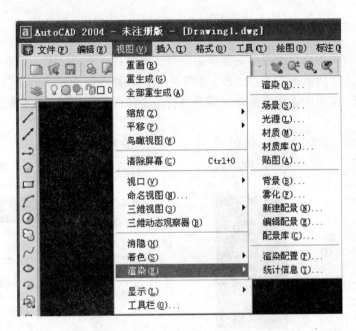

图 4.1.5

4.2 AutoCAD 中的三维建模

3D Studio MAX 建模的功能已很强大，为什么我们还要用 AutoCAD 来建模呢？一是因为我们已熟悉 AutoCAD；二是在 AutoCAD 上有不少建筑设计 CAD 软件，使用它们建立建筑模型会方便很多；三是 AutoCAD 更精确，因为 AutoCAD 是使用双精度实数保存数据，而 3D Studio MAX 为了提高速度，采用了单精度实数保存数据。

在用 3D Studio MAX 建模的时候，坐标的绝对值切记不要太大，更不要接近单精度实数的表示范围。实际上，用 AutoCAD 也有这个问题。以前，笔者在全国各地讲课的时候，每次都要强调 AutoCAD 的 LIMITS 命令。每次画一个新图前，都应使用这个命令设定图形的范围，使你输入的坐标超过设定范围时，程序能提醒你。在 AutoCAD 中，坐标的绝对值仍然不要太大。笔者的做法是设定图形 LIMITS 左下角为 (0, 0, 0)，右上角为图形的最大坐标值或稍大些。这样不仅可大大提高图形显示速度，也可减少程序运行不稳定的可能性。

选择程序建模的时候，可灵活处置。可以一部分在 AutoCAD 中建，一部分留在 3D Studio MAX 中处理。如果在 AutoCAD 中没有你要利用的东西，也不妨全在 MAX 中完成。总之是怎么方便怎么来，没有一定之规。

用 AutoCAD 建模，这里仅做简要介绍。对于建筑建模，AutoCAD 本身的功能基本可以应付大多数情况。但还是建议读者购买德赛、圆方等公司开发的建筑设计软件。使用这些软件来建模则会事半功倍。他们都有很好的售后服务，这里就不讲这些软件的使用了。

我们在用 AutoCAD 建模前，必须考虑到与 MAX 的衔接问题。首先并不是所有 AutoCAD 数据都能输入 MAX 中，其次是要考虑到数据输入到 MAX 中以后，能方便地进行后续工作。

用 AutoCAD 建模的时候，要使用分层和给实体不同的颜色等手段来组织好数据，以方便读者在 MAX 中选择物体来赋材质。不同材质的物体，要么将它们放在不同的层（layer）上，要么使它们具有不同的颜色，以便将它们区分开来。

在建模的时候，要注意详略得当。对于不影响读者所需要的视图的物体可以略去，而不必面面俱到。对于必要的造型细节则要仔细输入。网格物体的网格间距要满足平滑精度要求。

AutoCAD 与 MAX 的数据转换关系，我们将在下一节详细讲述。以下我们以 AutoCAD14 版本为例介绍用 AutoCAD 建模的方法。

一、从楼面布置图拉伸

AutoCAD 最早是一个纯二维的图形软件。现在的 14 版和 AutoCAD 2000 以上版本虽然三维图形功能比较强了，但在建筑设计行业应用最普遍的还是用它绘制二维图形。因此，我们常常是有了楼面布置图后，再来建立三维模型。

在建模的时候，通常建筑师可以将平面图提供给我们。我们利用平面图拉伸成三维就常常是十分有效的方法。

在 AutoCAD 中，将二维对象拉伸成三维对象有两个方法，即改变二维对象的标高和厚度属性拉伸和使用 EXTRUDE 命令拉伸。

（一）改变二维对象的标高和厚度属性拉伸

在 AutoCAD 中的二维对象，如线段 LINE、圆 CIRCLE、圆弧 ARC、多义线 POLYLINE 等等，都有标高 Elevation 和厚度 Thickness 两个使其成为三维模型的属性。二维对象是在 XY 平面内的二维图形。我们将它沿 Z 方向拉伸即可产生三维模型。标高 Elevation 就是对象的拉伸起始 Z 坐标。厚度 Thickness 就是对象沿 Z 方向拉伸的长度。厚度可取正值也可取负值。厚度为正值表示向上拉伸，厚度为负值表示向下拉伸。

对于已有的二维对象我们可用 CHANGE 命令改变其标高和厚度。

命令：<u>CHANGE</u> < Return > 输入 CHANGE 命令

选择对象：选择要更改属性的对象，最后空回车结束选择

特性（P）/＜修改点＞：<u>P</u> 输入 P，选择特性（Properties）更改属性

修改何种特性(颜色(C)/标高(E)/图层(LA)/线型(LT)/线型比例(S)/厚度(T))？

若选择标高（Elev）更改标高：

指定新标高 ＜当前值＞：输入数值即可改变所选对象的标高

若选择厚度（Thickness）：

指定新厚度＜当前值＞：输入数值即可改变所选对象的厚度

当然，我们也可以在建立二维对象的时候，就定义它们的标高和厚度属性。在建立二维对象之前，我们可先使用 ELEV 命令定义新建二维对象的标高和厚度属性，再建立二维对象。

下面介绍一个简单的例子。

1. 使用 LIMITS 命令设置界限

命令：<u>LIMITS</u> < Return > 输入 LIMITS 命令

重新设置模型空间界限：

指定左下角点或 [开 (ON) /关 (OFF)] <当前值>：<u>0, 0</u>

指定右上角点 <当前值>：<u>100, 100</u>

命令：<u>ZOOM</u> <Return> 输入 ZOOM 命令

指定窗口角点，输入比例因子 (nX 或 nXP)，或

[全部(A)/中心点(C)/动态(D)/范围(E)/上一个(P)/比例(S)/窗口(W)] <实时>：<u>A</u> 选择 A 显示全部界限范围

2. 使用 ELEV 命令设置标高和厚度属性

命令：<u>ELEV</u> <Return> 输入 ELEV 命令

指定新的默认标高 <当前值>：<u>0</u>

指定新的默认厚度 <当前值>：<u>50</u>

3. 使用 LINE 命令画一个正方形

命令：<u>LINE</u> <Return> 输入 LINE 命令

指定第一点：<u>10, 10</u>

指定下一点或 [放弃 (U)]：<u>60, 10</u>

指定下一点或 [放弃 (U)]：<u>60, 60</u>

指定下一点或 [闭合 (C) /放弃 (U)]：<u>10, 60</u>

指定下一点或 [闭合 (C) /放弃 (U)]：<u>C</u> 输入 C 与起点连接

4. 使用 VPOINT 命令观察轴测图

命令：<u>VPOINT</u> <Return> 输入 VPOINT 命令

当前视图方向：VIEWDIR = 0.0000, 0.0000, 1.0000

指定视点或 [旋转 (R)] <显示坐标球和三轴架>：<u>1, 0.8, 0.6</u>

轴测图如图 4.2.1 左图所示。

5. 使用 HIDE 命令消除隐藏线

命令：<u>HIDE</u> <Return> 输入 HIDE 命令消除隐藏线

消除隐藏线后的效果如图 4.2.1 右图所示。

（二）使用 EXTRUDE 命令拉伸

使用 EXTRUDE 命令，也可以将二维对象拉伸成三维对象，但只能对实体图形进行操作，即可以对闭合的二维 Polyline 多义线、多边形、Trace、Solid、圆 Circle、椭圆 Ellipse、Donut 等对象进行拉伸，不能拉伸包含在块中的对象，也不能拉伸交叉的 Polyline 多义线，多义线的顶点至少有三个，且不多于 500 个。如果选择拉伸路径，可选择线、圆、椭圆、圆弧、多义线等。

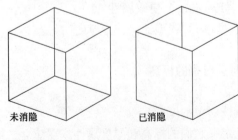

未消隐　　　　已消隐

图 4.2.1

使用 EXTRUDE 命令拉伸的结果与上面的方法拉伸的结果是不同的。

下面我们接着上面的练习继续做。

6. 使用 PLAN 命令将轴测视图显示变为平面视图显示

命令：<u>PLAN</u> <Return> 输入 PLAN 命令变为平面视图

输入选项［当前 UCS(C)/UCS(U)/世界(W)］＜当前 UCS＞:＜Return＞回车确认用当前用户坐标系

7. 使用 PEDIT 命令将四条直线转变为一条多义线

命令：PEDIT＜Return＞输入 PEDIT 命令

选择多段线或［多条（M)］:选择四条直线中的其中一条

选定的对象不是多段线

是否将其转换为多段线？＜Y＞＜Return＞回车确认

［闭合(C)/合并(J)/宽度(W)/编辑顶点(E)/拟合(F)/样条曲线(S)/非曲线化(D)/线型生成(L)/放弃(U)］:J 选择合并(Join)连接多义线。

选择对象：选择另外三条直线。

3 条线段已添加到多段线

［打开(O)/合并(J)/宽度(W)/编辑顶点(E)/拟合(F)/样条曲线(S)/非曲线化(D)/线型生成(L)/放弃(U)］:回车确认 eXit 退出 PEDIT 命令。

这时,四条直线变成了一条封闭的多义线。

8. 使用 EXTRUDE 命令将平面对象拉伸为三维对象

命令：EXTRUDE＜Return＞输入 EXTRUDE 命令

当前线框密度：ISOLINES = 4

选择对象：选择刚由四条直线转换成的多义线,最后按＜Return＞回车结束选择。

指定拉伸高度或［路径（P)］:50 输入拉伸高度,可用正负值表示相反方向。

指定拉伸的倾斜角度 ＜0＞:回车确认收缩角度为 0。如果不为零,上下将不一样大。

9. 使用 VPOINT 命令观察轴测图

命令：VPOINT＜Return＞输入 VPOINT 命令

当前视图方向：VIEWDIR = 0.0000, 0.0000, 1.0000

指定视点或［旋转（R)］＜显示坐标球和三轴架＞:1, 0.8, 0.6

轴测图如图 4.2.2 左图所示。

10. 使用 HIDE 命令消除隐藏线

命令：HIDE＜Return＞输入 HIDE 命令消除隐藏线

消除隐藏线后的效果如图 4.2.2 右图所示。

我们比较图 4.2.1 和图 4.2.2 可知,第二种方法产生的三维对象与第一种方法不一样。第一种方法是将直线向 Z 方向拉伸产生一个没有上、下两面的空盒子。第二种方法是将一条封闭的多义线向 Z 方向拉伸成一个立方体。

使用 EXTRUDE 命令还可以沿一个给定的路径拉伸。可选择线、圆、圆弧、椭圆、多义线等作为拉伸路径。

二、表面建模方法

表面建模方法是比较常用的方法。对于复杂的形体光用拉伸的方法往往不行,但表面建

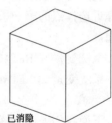

未消隐　　　　已消隐

图 4.2.2

模方法却可输入绝大多数的形体。表面建模方法就是只描述物体的表面几何特征。但这样我们就可对其消隐和渲染了。任何一个复杂的形体的表面都可用若干个三边形来模拟。AutoCAD的表面建模命令正是用一定数量的三边形来模拟复杂表面的。

在 AutoCAD 中，可用 3DFACE，PFACE，3DMESH，EDGESURF，REVSURF，RULESURF，TABSURF 等基本表面命令进行表面建模。也可以用 AI _ BOX 命令画长方体表面，用 AI _ CONE命令画圆锥体、圆台及圆柱体表面，用 AI _ PYRAMID 命令画棱锥体表面，用 AI _ DISH命令画碟形表面，用 AI _ DOME 命令画穹形网格表面，用 AI _ SPHERE 命令画球形表面，用 AI _ TORUS 命令画圆环表面。

AutoCADR14 版本与 AutoCAD2000 以上各版本的表面建模命令都差不多。在 AutoCADR14 版本中，这些命令都可在"绘图/表面"下拉菜单中找到，而 AutoCAD2000 以上各版本则在"绘图/曲面"下拉菜单中找到。

（一）3DFACE 命令

用 3DFACE 命令可生成三边形或四边形的三维面，面的角点可以是任意三维点，可按顺时针或逆时针的顺序输入。

（二）PFACE 命令

用 PFACE 命令可生成任意拓扑结构的多边形网格。执行 PFACE 命令后，首先输入所有多边形网格的角点（Vertex），并记住每个角点的编号，再根据提示输入组成每个面的角点编号。使用 PFACE 命令建立表面模型，既可节省存储空间又能加快显示及对象选择速度。对于复杂的曲面，使用 PFACE 命令比使用 3DFACE 命令又方便又好。但通常我们还是很少用它，因为输入曲面的为数不少的角点及定义每个面的角点编号是很乏味很繁琐的。PFACE 命令主要是提供给 AutoLISP 和 ADS 来构造三维网格用的。

（三）3DMESH 命令

用 3DMESH 命令可生成多边形网格。执行 PFACE 命令后，首先输入网格两个方向上（即行和列）的网格角点数（M 和 N）。网格的角点总数就等于 M × N。随后，AutoCAD 就要求输入每个角点的位置。

（四）EDGESURF 四边定表面命令

EDGESURF命令可通过选择四条相连的边，决定表面的边界，从而生成一个通过四条边进行插值的双三次表面。这是一个空间曲面，其网格有很好的平滑度，在边界上及两边形成的角上也拟合得好。曲面的四条边可以是直线、圆弧、非闭合的二维或三维多义线，四条边必须首尾相连形成闭合回路。

用户可以任意顺序选择这四条边，但第一条边将决定网格的 M 方向。网格的 M 方向为最靠近选择点的第一条边的端点指向另一个端点。与第一条边相连的两条边决定网格的 N 方向。

系统变量 SURFTAB1 控制网格 M 方向上的网格数，即网格 M 方向有 SURFTAB1 + 1 个节点。系统变量 SURFTAB2 控制网格 N 方向上的网格数，即网格 N 方向有 SURFTAB2 ＋1 个节点。

下面我们来做个练习。

1. 启动 AutoCADR14 版本，或 AutoCAD2000 以上版本也可以，对于下面的命令，它们仅仅是命令提示在中文翻译上略微不同。使用以下命令画四条线作为边界。

　　命令：<u>LINE</u> ＜ Return ＞　输入 LINE 命令画第一条直线。

　　起点：<u>50，50，0</u>

　　下一点：<u>20，300，0</u>

　　下一点：回车结束命令

　　命令：<u>LINE</u> ＜ Return ＞　输入 LINE 命令画第二条直线。

　　起点：<u>250，50，0</u>

　　下一点：<u>280，200，0</u>

　　下一点：回车结束命令

　　命令：3DPOLY ＜ Return ＞　输入 3DPOLY 命令画三维多义线。

　　起点：<u>200，300，0</u>

　　闭合(C)/放弃(U)/＜直线端点＞：<u>150,350,150</u>

　　闭合(C)/放弃(U)/＜直线端点＞：<u>280,300,0</u>

　　闭合(C)/放弃(U)/＜直线端点＞：回车结束命令。

　　下面我们将画一个圆弧，在画圆弧之前我们先来做一条辅助线。

　　命令：<u>LINE</u> ＜ Return ＞

　　起点：<u>150，30，70</u>

　　下一点：<u>150，350，150</u>

　　下一点：回车结束命令。

　　因该圆弧不在当前的世界坐标系内，因此我们必须先定义一个用户坐标系，使该圆弧处在当前的用户坐标系内。

　　命令：<u>UCS</u> ＜ Return ＞　输入 UCS 命令定义一个用户坐标系。

　　原点(O)/Z 轴(ZA)/三点(3)/对象(OB)/视图(V)/X/Y/Z/上次(P)/恢复(R)/保存(S)/清除(D)/? /＜世界(W)＞：<u>3</u> 选择 3point 三点定坐标系的方式。

　　原点 ＜0，0，0＞：<u>150，50，0</u>

　　X 轴正半轴上的点＜151.0000，50.0000，0.0000＞：<u>250，50，0</u>

　　UCS 的 XY 平面上 Y 值为正的点＜150.0000，51.0000，0.0000＞：<u>150，30，70</u>

　　下面让我们在新的用户坐标系下画一条圆弧。

　　命令：<u>ARC</u> ＜ Return ＞　输入 ARC 命令画圆弧。

　　圆心(C)/＜起点＞：<u>*50,50,0</u>　　因为现在的当前坐标系不再是世界坐标系，我们要输入世界坐标系下的坐标值，必须在前面加上 * 号。

　　圆心(C)/端点(E)/＜第二点＞：<u>end</u> of　　这是要求输入圆弧上的第二点，我们用点的捕捉方式输入。先输入 end，按空格键后，将光标移近上面所作的辅助线的下端点，单击鼠标左键就捕捉到了辅助线的下端点。

　　端点：<u>100，0</u>　　这里输入的是在用户坐标系下的坐标，数值前没有加上 * 号。它等于世界坐标系下的 (250，50，0)。

　　这时，辅助线没有用了，可用 ERASE 命令将其删除。

　　2. 使用 EDGESURF 命令，生成空间曲面。

在使用 EDGESURF 命令之前，我们先设置系统变量 SURFTAB 1 和 SURFTAB 2，以确定 M 方向上的网格数和 N 方向上的网格数。

命令：<u>SURFTAB 1</u>　修改系统变量 SURFTAB 1

输入变量 SURFTAB 1 的新值 < 6 > : <u>20</u>　将系统变量 SURFTAB 1 改为 20

命令：<u>SURFTAB 2</u>　修改系统变量 SURFTAB 2

输入变量 SURFTAB 2 的新值 < 6 > : <u>10</u>　将系统变量 SURFTAB 2 改为 10

命令：<u>EDGESURF</u> < Return > 输入 EDGESURF 命令。

选择边界 1：选择第一条直线作为第一条边。

选择边界 2：选择圆弧作为第二条边。

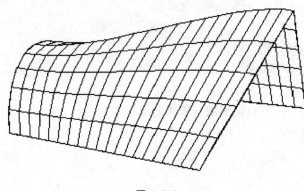

图 4.2.3

选择边界 3：选择第二条直线作为第三条边。

选择边界 4：选择多义线作为第四条边。

这时，曲面就生成了。下面我们用 VPOINT 命令显示轴测图。

命令：<u>VPOINT</u> < Return > 输入 VPOINT 命令显示轴测图。

＊＊＊切换至 WCS＊＊＊

旋转（R）/ < 视 点 > < 0.0000, 0.0000, 1.0000 > : <u>6, 3, 2</u>

命令：<u>HIDE</u> < Return > 输入 HIDE 命令消除隐藏线。

生成的三维曲面如图 4.2.3 所示。

（五）REVSURF 旋转生成表面命令

REVSURF 命令将一个轨迹曲线或剖面，沿选定的轴旋转产生一个旋转表面。轨迹曲线可以是一条直线、圆弧、圆、二维或三维多义线。轨迹曲线决定网格的 N 方向。如果选择一个圆或一条闭合的多义线作为轨迹曲线，产生的网格在 N 方向就是闭合的。

旋转轴可以是一条直线或一条非闭合的二维或三维多义线。如选择多义线作为旋转轴，则旋转轴为多义线的第一个顶点指向最后一个顶点的矢量，而多义线中间的所有顶点不起作用。旋转轴决定网格的 M 方向。

系统变量 SURFTAB 1 控制网格 M 方向上的网格数。系统变量 SURFTAB 2 控制网格 N 方向上的网格数。

下面我们来用 REVSURF 命令画一个旋转表面。

1. 启动 AutoCAD，使用以下命令画一圆弧作为轨迹曲线。

因该圆弧不在当前的世界坐标系内，因此我们必须先定义一个用户坐标系，使该圆弧处在当前的用户坐标系内。

命令：<u>UCS</u> < Return > 输入 UCS 命令定义一个用户坐标系。

原点（O）/Z轴（ZA）/三点（3）/对象（OB）/视图（V）/X/Y/Z/上次（P）/恢复（R）/保存（S）/清除（D）/？ / < 世界（W） > : <u>ZA</u> 输入 ZA,从而选择 ZAxis 选项,用指定 Z 轴的方式定义用户坐标

系。

原点＜0，0，0＞：回车选择缺省点（0，0，0）

UCS 的 XY 平面上 Y 值为正的点＜0.0000，0.0000，1.0000＞：0，－1，0

这时，当前坐标系变成了以世界坐标系的 X 轴作 X 轴，以世界坐标系的 Z 轴作 Y 轴，以世界坐标系的 Y 轴的反方向作 Z 轴的用户坐标系。这样，圆弧就可以画在世界坐标系的 XZ 平面内。

命令：PLAN ＜ Return ＞ 输入 PLAN 命令变为平面视图

＜当前的 UCS(C)＞/Ucs(U)/世界(W)：＜ Return ＞ 回车确认用当前用户坐标系

下面使用 ARC 命令画圆弧。

命令：ARC ＜ Return ＞ 输入 ARC 命令画圆弧。

圆心（C）/＜起点＞：50，50 输入圆弧起点

圆心（C）/端点（E）/＜第二点＞：C　选择 Center，以便输入圆弧中心点

圆心：50，150　输入圆弧中心点

角度（A）/弦长（L）/＜端点＞：150，100　输入圆弧结束点，实际上不是准确的结束点，而是经过圆弧中心点和圆弧结束点的直线上的任意一点（圆弧中心点除外）。

2. 使用以下命令画一直线作为旋转轴。

命令：LINE ＜ Return ＞ 输入 LINE 命令画直线。

起点：160，50

下一点：160，100

下一点：回车结束命令

3. 用 REVSURF 命令生成旋转表面。

在使用 REVSURF 命令之前，我们先设置系统变量 SURFTAB 1 和 SURFTAB 2，以确定 M 方向上的网格数和 N 方向上的网格数。

命令：SURFTAB 1 修改系统变量 SURFTAB 1

输入变量 SURFTAB 1 的新值＜6＞：20　将系统变量 SURFTAB 1 改为 20

命令：SURFTAB 2　修改系统变量 SURFTAB 2

输入变量 SURFTAB 2 的新值＜6＞：10　将系统变量 SURFTAB 2 改为 10

命令：REVSURF ＜ Return ＞ 输入 REVSURF 命令生成旋转表面。

当前线框密度：SURFTAB 1 = 20　SURFTAB 2 = 10

选择要旋转的对象：选择前面绘制的圆弧作为轨迹曲线

选择定义旋转轴的对象：选择前面绘制的直线作为旋转轴

指定起点角度 ＜0＞：回车确定起始角度为 0。

指定包含角（＋＝逆时针，－＝顺时针）＜360＞：回车确定旋转整圈。

这时，曲面就生成了。下面我们用 VPOINT 命令显示轴测图。

命令：VPOINT ＜ Return ＞ 输入 VPOINT 命令显示轴测图。

＊＊＊切换至 WCS ＊＊＊

旋转(R)/＜视点＞＜0.0000,0.0000,1.0000＞：2，－4,1

命令：HIDE ＜ Return ＞ 输入 HIDE 命令消除隐藏线。

生成的三维曲面如图 4.2.4 所示。

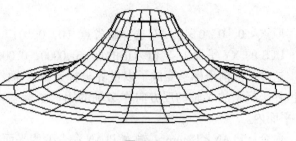

图 4.2.4

（六）RULESURF 两对边定规则表面命令

RULESURF 命令将指定的两条曲线作为曲面的两个对边，将两条曲线都等分为 SURFTAB 1 段，再将两条曲线的各对应等分点相连，从而形成一个网格。SURFTAB 1 是 AutoCAD 的系统变量。

作为规则表面的两对边的曲线可以是直线、点、圆、圆弧、二维及三维多义线。如果有一条边是闭合的，则另一条边也必须是闭合的。点可以作为闭合和非闭合的边的另一条边，但不能两条边都是点。

在选择非闭合曲线时，必须注意选择点的匹配，否则规则曲面会是一交叉的表面。

下面我们使用 RULESURF 命令画一个规则表面。

1. 画两条圆弧作为曲面的两个对边。

命令：<u>ARC</u><Return> 输入 ARC 命令画圆弧。

圆心(C)/<起点>:<u>100,100</u> 输入圆弧起点

圆心(C)/端点(E)/<第二点>:<u>C</u> 选择 Center，以便输入圆弧中心点

圆心：<u>250,250</u> 输入圆弧中心点

角度(A)/弦长(L)/<端点>:<u>A</u> 选择 Angle，以便输入圆弧的包含角

指定包含角：<u>120</u> 输入圆弧的包含角

命令：<u>ARC</u><Return> 输入 ARC 命令画第二条圆弧。

圆心(C)/<起点>:<u>200,200,50</u> 输入圆弧起点

圆心(C)/端点(E)/<第二点>:<u>C</u> 选择 Center，以便输入圆弧中心点

圆心：<u>250,250</u> 输入圆弧中心点

角度(A)/弦长(L)/<端点>:<u>A</u> 选择 Angle，以便输入圆弧的包含角

指定包含角：<u>120</u> 输入圆弧的包含角

2. 使用 RULESURF 命令画规则表面。

在使用 RULESURF 命令之前，我们先设置系统变量 SURFTAB 1，以确定 M 方向上的网格数。

命令：<u>SURFTAB 1</u> 修改系统变量 SURFTAB 1

输入变量 SURFTAB 1 的新值<6>：<u>20</u> 将系统变量 SURFTAB 1 改为 20

命令：<u>RULESURF</u><Return> 输入 RULESURF 命令生成旋转表面。

当前线框密度：SURFTAB 1 = 20

选择第一条定义曲线：用鼠标左键单击第一条圆弧上靠近圆弧起点的地方，从而选择第一条圆弧作为第一条边。

选择第二条定义曲线：用鼠标左键单击第二条圆弧上靠近圆弧起点的地方，从而选择第二条圆弧作为第二条边。

这时，规则表面就生成了，如图 4.2.5 左图所示。使用 UNDO 命令撤消 RULESURF 命令。我们再来执行 RULESURF 命令，并在选择边的时候，改变鼠标左键单击的位置，看效果怎样。

命令：RULESURF < Return > 输入 RULESURF 命令生成旋转表面。

选择第一条定义曲线：用鼠标左键单击第一条圆弧上靠近圆弧起点的地方，从而选择第一条圆弧作为第一条边。

选择第二条定义曲线：用鼠标左键单击第二条圆弧上靠近圆弧终点的地方，从而选择第二条圆弧作为第二条边。

这时，产生的规则表面如图 4.2.5 右图所示。结果规则曲面是一交叉的表面。

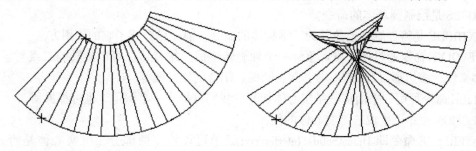

图 4.2.5

（七）TABSURF 条割表面命令

TABSURF 命令产生一个由一条轨迹曲线和一个方向矢量所定义的一般条割表面。方向矢量（也称作母线）沿着轨迹曲线移动扫描出一个曲面。TABSURF 命令类似于 EXTRUDE 拉伸命令，都是轨迹曲线沿方向矢量拉伸，但 TABSURF 命令产生的是表面，而 EXTRUDE 拉伸命令产生的是实心体；TABSURF 命令总是沿着一条直线拉伸，而 EXTRUDE 拉伸命令可以沿空间曲线拉伸。

TABSURF 命令要求的轨迹曲线可以是直线、圆、圆弧、二维及三维多义线。方向矢量可以是直线或二维及三维非闭合的多义线。如选择了多义线，则方向矢量为多义线的第一个顶点指向最后一个顶点的矢量，而多义线中间的所有顶点不起作用。

系统变量 SURFTAB 1 控制沿轨迹曲线的网格数。如果轨迹曲线是一条没有样条拟合的多义线，条割线将通过每个直线段的端点，并且把每个弧段条割成 SURFTAB 1 个部分，否则会将整条曲线条割成 SURFTAB 1 个部分。

三、实体建模方法

表面建模方法所建的模型是空心的，它们只具有物体的表面特征。而实体建模方法所建的模型是实心的。它们不仅具有物体的表面特征，还具有体的特征。我们可对这种具有体的特征的模型进行挖孔、挖槽、剖切、倒角及进行布尔运算等操作，从而创建出变化万千的三维模型。

在 AutoCAD 中，可用 BOX（长方体）、SPHERE（球体）、CYLINDER（圆柱体）、CONE（圆锥体）、WEDGE（楔体）、TORUS（圆环体）等基本实体建模命令进行实体建模。这些实体建模命令基本上都可在"绘图/实体"下拉菜单中找到。"绘图/实体"下拉菜单如图 4.1.3 所示。

（一）基本实体绘制命令

BOX 是绘制长方体的命令。长方体建立后，其尺寸不能改变。

SPHERE 是绘制球体的命令。球体的中心轴平行于当前坐标系的 Z 轴。球体的纬度线平行于当前坐标系的 XY 平面。

CYLINDER 是绘制圆柱体或椭圆柱体的命令。

CONE 是绘制圆锥体或椭圆锥体的命令。

WEDGE 是绘制楔形体的命令。

TORUS 是绘制圆环体的命令。

EXTRUDE 是将二维对象拉伸为三维物体的命令。前面已介绍了它的使用方法。

REVOLVE 命令通过使二维对象绕一个轴旋转生成三维物体。可以旋转的二维对象有闭合的多义线、多边形（POLYGON）、圆、圆弧、闭合的样条线等。

SLICE 命令可用一平面将三维实心体切开。我们可指定一半保留，也可都保留。

SECTION 命令可生成三维实心体的剖面。

INTERFERE 命令即 Draw/Solids/Interference 菜单可以检查两部分三维实心体是否相交。如果相交，还可以按相交部分的形状生成一个三维实心体。

（二）三维实心体的布尔运算

在 AutoCAD 中，三维实心体的布尔运算操作有并（Union）、交（Intersect）、差（Subtract）三种。输入 UNION 命令或选择"修改/实体编辑/并集"菜单，可以将一些三维实心体合并成一个三维实心体。输入 INTERSECT 命令或选择"修改/实体编辑/交集"菜单，可以取指定的某些三维实心体的共有部分。输入 SUBTRACT 命令或选择"修改/实体编辑/差集"菜单，可以指定一部分三维实心体减去另一部分三维实心体。

4.3 怎样将 AutoCAD 的三维模型导入 3D Studio MAX 中

我们用 AutoCAD 建立了三维模型，怎样将这些数据导入 3ds max 中进行渲染呢？我们可以先在 AutoCAD 中，使用 DWG 文件格式、3DS 文件格式或 DXF 文件格式将数据保存在硬盘或其他存储媒体上，然后再在 3ds max 中用"File/Import"菜单将文件的模型数据读入即可。

一、AutoCAD 和 3ds max 之间交换数据的三种文件格式

3D Studio MAX 导入 AutoCAD 可以生成的数据文件有三种，即 DWG 文件格式、3DS 文件格式和 DXF 文件格式。

（一）DWG 文件格式

这是 AutoCAD 图形的基本文件格式，并且能提供 AutoCAD 和 3ds max 间几何上的和组织方法上的转变。当前虽然它不转换材质或贴图信息，但在两个程序中不同的几何体间却可以进行智能化的转换。使用该格式，数据精度最高。除非要转换材质或贴图信息，必须选择

3DS 文件格式，否则毫无疑问选择 DWG 文件格式。

DWG 格式转换成 3ds max 格式的对应关系表

AutoCAD 的对象	3ds max 转换结果
Point 对象	Point Helper 对象
Line 对象	Bezier Spline 型
Arc 对象	Arc 型
Circle 对象	Circle 型
Ellipse 对象	Ellipse 型
Solid 和 Trace 对象	闭合的 Bezier Spline 型
2D 和 3DPolyLine，Spline，Region 及 Mline 对象	Bezier Spline 型
Text（基于 TTF 或 PFB）对象	Text 型
3Dfaces，Polyline Meshes，Polyface Meshes 或 ACIS 3D Solids	可编辑 Mesh 对象
Blocks	组或单个对象
Stored UCS	Grid Helper 对象
Dview（perspective）	Target camera 相机
Point Light 点光源	Omni light 泛光灯
Spotlight 聚光灯	Target spot 目标聚光灯
Distance Light 平行光	Directional light 平行光
Thickness 属性	Spline 对象的 Extrude 编辑修改器
Polyline Width 属性	Outlined Spline 对象

（二）3DS 文件格式

这是 DOS 环境下 3D Studio 产品的基本格式，并且也是当前从 AutoCAD 中（或者向 AutoCAD）转换材质和贴图的唯一方法。虽然它首先转换成网络对象，但是它是从 AutoCAD 向 3D Studio MAX 输出 ARX 对象（例如 Mechanical Desktop 模型）的最好方法。

（三）DXF 文件格式

这是 AutoCAD 使用了多年的唯一的文档文件格式。它为众多的 CAD 和建模程序间的一般信息转换建立一个标准，通常在非 Autodesk 产品中，它可作为输入或输出选项。在转换中，它的优点是提供最直接的方法将 CAD 模型转换为 3ds max 的网络对象。

二、从 3ds max 中读入 AutoCAD 数据

在 3ds max 中，选择 File/Import 菜单，将出现一文件选择对话框。在文件类型列表框内选择要读入的文件类型。选择文件后，将出现 Dwg Import 对话框。该对话框中有两个选择项，即 Merge objects with current scene 和 Completely replace with current scene。选择前者，可将对象追加在当前场景之中。选择后者，可将对象替换当前场景。如果前面选择的是 AutoCAD DWG 文件，之后将出现 Import AutoCAD DWG File 对话框，如图 4.3.1 所示。参数设置好后，按 OK 按钮确认，即可开始从 DWG 文件中读模型信息。

下面我们来了解一下 Import AutoCAD DWG File 对话框中各参数的意义。这些参数将决定

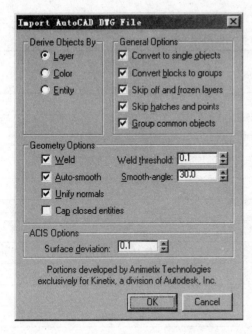

图 4.3.1

DWG 文件中的模型与引入 3ds max 后的对象的对应关系。一般我们使用如下 2 种方法：

（1）在 AutoCAD 中，将材质不同的模型放在不同的层上。在 3ds max 中，使用 Derive Objects By Layer 的方式读入 DWG 文件。3ds max 中模型的名字就是层名加序号。笔者的经验是，这种方法最有效，建议使用这种方法。

（2）在 AutoCAD 中，将材质不同的模型赋予不同的颜色。在 3ds max 中，使用 Derive Objects By Color 的方式读入 DWG 文件。3ds max 中模型的名字就是"Color"加颜色号加序号。

Import AutoCAD DWG File 对话框中的参数分 4 个栏，分别介绍如下。

（一）Derive Objects By 参数

在 Import AutoCAD DWG File 对话框中，Derive Objects By 栏内的参数影响 AutoCAD 对象构成 3ds max 对象或组的方式。Derive Objects By 选项实际上是决定 MAX 对象作用效果的第一步。在下一部分会看到激活的 Derive Objects By 选项与 General Options 选项密切相关。根据选择的 General Options 选项，每种 Derive Objects By 的组织方式都会创建一个或多个 MAX 对象。3 种特殊的 Derive Objects By 选项是：

（1）By Layer 转换时，每图层所创建的每个对象的名称被赋予 AutoCAD 图层名并后缀数字。例如在 Wall 和 Ceiling 图层上的第一个对象将被转换成 MAX 中名称分别是 WALL01 及 CEILING01 的对象。

（2）By Color 转换时，每图层创建的每个对象的名称都被赋予基于 AutoCAD Color Index（ACI）的名字。例如，黄色对象（ACI2）将被转换成 MAX 中名称为 Color002 的对象。

（3）By Entity 转换时，每种 AutoCAD 对象类型创建的每个对象根据对象在 AutoCAD 中的名字命名。例如，第一个圆弧和多义线对象将被转换成 MAX 中名称为 Arc.01 和 2DpolyLine.01 的对象。

（二）General Options 参数——DWG 输入一般选项

DWG 输入中的一般选项（General Options）对 MAX 画图中创建的对象数目有极富戏剧性的效果。这些选项首先被处理，然后由 Derive Objects By 选项对处理结果组织，最后在每个对象内都发生结合。当所有的结合完成以后，对象便被确定下来。

（1）Convert to single objects

当该选项被激活时，将所有被激活的 Derive Objects By 选项确认的对象组织为一个 3ds max 对象（不同的 AutoCAD 厚度属性能够影响对象缩减的成功程度）。如果没有激活这个选项，AutoCAD 中的每个单个对象都会成为一个单独的 3ds max 对象，在这种情况下，当前 Derive Objects By 选项的唯一作用就是影响每个对象的命名方式。

（2）Convert block to groups

块中包含有任意图层和颜色的大量对象，并且它是 AutoCAD 中唯一能被 3ds max 引用的对象，于是 AutoCAD 块便具有与含有多个对象的 MAX 组相类似的特点。Converts block to groups 选项通过为 AutoCAD 块创建 3ds max 组来完成这种调整，组被赋予块的名字（组中对象根据 Derive Objects By 选项命名）。若一个块在 AutoCAD 中被多次嵌入，在 3ds max 中则被转换为关联复制组。若未选该项，则块内状态被忽略，于是所有块内的全部对象均被输入，就好像在 AutoCAD 环境中的块破碎了一样。

（3）Skip off and frozen layers

控制图层的可见性是 AutoCAD 中组织大量数据的常用方法。与 3ds max 中隐藏对象的方法一样，AutoCAD 中 Off 和 Frozen 图层的对象也不显示出来（两者唯一的区别是为了能重新快速调入，Frozen 将对象从 AutoCAD 显示清单上清除，而 Off 则不）。当该选项被激活时，AutoCAD 中不可见对象将不输入 3ds max 中，这为绘制复杂图形提供了一个功能强大而又非常清晰的分类方法：AutoCAD 中所见即为 3ds max 中所得。

（4）Skip hatches and points

Hatches 和 Points 对象在 AutoCAD 中几乎总是用来指示绘制时的材质属性，方法与 3ds max 中使用的纹理相同（这种画衬线或涂阴影的方法在绘图中被称为 Poche）。建模过程中，会不断产生大量的几何体，这种情况是很不理想的，所以，一般都打开这个选项。若关闭这个选项，Hatches 中的对象就像先前在 AutoCAD 中破碎一样，被转换成线段，而所有的点将转换为 Point Helper 对象。

（5）Group common objects

选择该项可对一般的对象进行分组。

（三）Geometry Options 参数——DWG 输入几何体选项

当所有对象在输入控制器中均已形成对象后，几何体选项控制的动作才开始执行，之后是结合操作，最后形成由 Derive Objects By 选项命名，几何开头由 Geometry Options 控制的对象。

（1）Weld 和 Weld-threshold

Weld 选项搜寻重合节点，并将它们结合在一起，以形成黏性网格或连续样条，实体结合的对象由组织来决定。给定图层、颜色或对象类型的每个对象将根据 Derive Objects By 选项来检测其他所有对象。Extrude 编辑修改器接收具有不同厚度属性的对象时高度值不同，故它们彼此间不能结合在一起。阈值的大小是判断节点一致性的模糊因素，值为整数。当一个节点与相邻节点的距离小于阈值，就认为该节点是被结合的节点。显然，阈值越大，可被结合的节点数目越多。节点结合以后形成的新节点的位置是参与结合的原始节点的位置平均值。由于是 AutoCAD 中创建点——点面模型唯一有效的方法，所以，3D.dwg 文件中常常含有大量的 3D Faces。结合主要用于将分离的各个面结合成一个黏性网格。当输入基于多义面网格或 ACIS Solid 时，结合操作应该非常小心，因为结合相邻网格常会导致最后形成的网格的法线不准确。DWG Import 的结合连贯线、圆弧和多义线的功能是非常有用的，因为在 AutoCAD 中要做到这些不仅费时（使用 PEDIT 命令），而且还不可能（因为多义线必须共面而三维多义线不能包含圆弧）。这项功能可以使你在直线、圆弧、二维多义线及样条间建立联系，并形成 3ds max 中的连续 Bezier 样条，而这在 AutoCAD 中是做不到连续的。方向一致、厚度属性相同的样条若处于同一 3ds max 对象中则也可以结合。

（2）Auto-smooth 和 Smooth-angle

Auto-smooth 选项的功能与 Edit Mesh 编辑修改器 Editable Mesh 对象的自动光滑选项功能相同，它分析相邻结合表面的角度，并根据阈值定义光滑组。对于赋予相同光滑组的结合表面，Smooth-angle 值越高，表面之间的角度越小。

（3）Unify normals

Unify normals 选项根据 3ds max 的标准规则为所有最后生成网格的法线定位。由于这项计算是在所有几何体的结合及组织完成之后，所以它不影响其他的结果样条和拉伸样条。该选项一般不用于输入从其他实心体建模器（如 AME）中获得的 ACIS 对象或网格，这是因为实心体具有固有的由容量计算决定表面法线定位的方式，并且程序所采用的经验规则会很容易使已经完成的工作无效。

（4）Cap closed entities

加盖是 DOS 版 3DS 的 dxf 输入器原来提供的一项很有价值的功能。有了它，封闭对象可由网格加盖，具有厚度属性的封闭对象顶部及底部均可加盖。DWG Import 通过将 Extrude 编辑修改器赋予同一对象，使这一功能得以改进，此时编辑修改器的 Cap Start 和 Cap End 选项是打开的，这样不仅保留了原始几何体的样条特性而且还为定义加盖和拉伸距离提供了参数化的方法。若关闭 Cap closed entities 选项，则二维封闭对象仍保留为样条，而将 Extrude 编辑修改器赋予具有厚度属性的封闭对象，编辑修改器的加盖选项是关闭的。若需要一个网格对象而不是参数化对象，必须使用 DXF Import。

（四）ACIS Options 参数

ACIS 是 AutoCAD R13 以上版本中的实心体工具，并且许多 AutoCAD 操作创建了 AutoCAD 称之为 3Dsolid 的对象。转换这些对象时，使用 ACIS 工具来计算它们的表面值，并形成一个密度与之相应的 Surface Derivation 值相关的网格。必须记住 Surface Derivation 是按整数值而不是角度值计算的，这意味着一个模型使用的值可能对另外一个规格不同的模型并不合适。一般说来，这个值越低，偏离参数化定义的相邻面越少，最后形成的网格越密。这种向 Editable Mesh 的转换是在 DWG Import 中简化高阶几何体的几个例子之一。只有在这种情况下才能对输入进行选择，以控制最后形成的表面中的曲线光滑程度。正因为如此，一般采用多次输入 3Dsolids 的方法，直接获得决定理想的光滑度或网格疏密度的偏移量。

第五章

电脑建筑效果图制作实例讲解

电脑建筑效果图分为室内效果和室外效果两类。室内效果图一般对材质的表现及灯光的布置最为重要，而室外效果图则重造型。以下对这两类效果图各举几个实例分析一下。所选实例多数取自国外著名建筑。选择实例时，考虑到了对效果图制作有一定的针对性，建模的工作量又不太大，适宜于读者做练习，同时又有一定难度。

本章实例都有一定的复杂性，以下对其制作过程只作简要介绍。读者应熟练掌握前面几章的内容后，再学习本章。

5.1　室外效果图

一、桃树中心广场圆形塔楼

美国亚特兰大桃树中心广场圆形塔楼造型特别简单，我们就从这个例子开始。桃树中心广场由美国建筑师约翰·波特曼设计，于 1975 年建成。由于笔者资料有限，只好使其换个环境，其效果图如图 5.1.1 所示（见第 191 页）；用的背景不是它的实景。

其圆形塔楼由一大一小两个圆柱体组成，外包金色镜面玻璃。那么，我们是否可以输入两个圆柱体模型就行了？若我们是要求看圆形塔楼的整体效果，则完全可以。

1. 启动 Photoshop，我们先来制作一幅图像，用于作为模拟金色镜面玻璃及其分隔线的贴图。
2. 选择"文件/新建"菜单建立新图，将模式设为 RGB，将图像尺寸设为塔楼玻璃分隔线的宽度方向分隔距离和高度方向分隔距离，这里设置宽度为 200 像素，高度为 350像素。
3. 按 Ctrl ＋ A 选择全部图像，用"选择/修改/扩边"菜单选择一定宽度的边框。填充这个边框，作为镜面玻璃的分隔线。
4. 按 Ctrl ＋ Shift ＋ I 键反选，用金色填充选择区域。
5. 将图像保存为 JPEG 格式的文件，文件名为 taoshuwin.jpg。退出 Photoshop。
  现在，模拟塔楼金色镜面玻璃的贴图文件就做好了。下面我们来建立塔楼模型并渲染。
6. 启动 3D Studio MAX，使用控制面板的 Cylinder 命令，建立两个圆柱体作为圆形塔楼。注意将两个圆柱体的 Height Segments 参数改成圆形塔楼的层数。这是为以后使用面式贴图模拟金色镜面玻璃及其分隔线做准备。
7. 布置光源。选择一幅准备作为背景的天空图像及其他配景图像。但要注意所选图像与以后渲染出的图像在色调等方面相配，或能够通过加工使它们互相协调。

8. 根据与背景、配景图像互相协调的原则，选择适当的地点、角度放置摄像机，并使用能与背景、配景图像相协调的摄像机焦距。

9. 给两个圆柱体施加 Edit Mesh 编辑器。

10. 打开材质编辑器，给两个圆柱体赋一种 Multi/Sub-Object 类型的材质。设子材质数为 2。设第一号子材质为面式贴图，即选择 Face Map。给第一号子材质指定位图类环境反射贴图，并选择上面做好的图像作贴图。设第二号子材质的环境反射颜色为深色。

11. 将第一号子材质赋予两个圆柱体浅色部分的面，将第二号子材质赋予圆柱体深色部分的面。

12. 选择摄像机视图进行渲染，并保存图像文件。退出 3D Studio MAX。

13. 启动 Photoshop，将渲染得到的图像与背景图像合并。对色调做适当调整。

至此，一幅电脑建筑效果图就制作完成了。这里采用面式贴图的方法，很快就制作成功，其实还有另外的办法可以将其快速制作完成，这就留给读者去想了。另外，读者可试试使镜面玻璃反射周围环境，看看效果又会如何。

二、薄壳餐厅

在墨西哥首都近郊的花田市，有一幢造型别致、小巧轻盈的薄壳餐厅。其设计者是墨西哥建筑师费利克斯·堪地拉。

餐厅面积 900 平方米，其屋顶是由 8 个抛物面双曲拱相交组成，正八角形平面的边长为 12.5 米，壳的厚度却只有 4.1 厘米。其内部空间开敞明快，外形轻盈活泼，富有运动感。它已成为当地游览区的一个独特标志。

该薄壳餐厅的效果图如图 5.1.2 所示（见第 192 页），由于资料有限，用的背景不是它的实景，模型也是根据图片凭猜测建立的。不过，这并不影响我们对效果图制作的学习。

如何来做这个效果图呢？先让我们来分析一下。让我们先观察图 5.1.2。该建筑是由八个抛物面屋顶和八面玻璃幕墙组成的，每一部分又是对称的。因此，我们建模时可以将其分为 16 份，先做好其一，再将其旋转复制 16 份就行了。

再观察图 5.1.2 的玻璃幕墙。它处于一个平面内，按理不难建立。但它的上边是一条曲线，而且必须与屋顶的壳相吻合，否则就会出现墙穿过了屋顶的情况，或墙未与屋顶相接而在上面出现空洞的情况。

仔细观察图 5.1.2 的屋顶，我们会发现其外边缘曲线并不在一个平面内，它是一条空间曲线。假设我们知道从玻璃幕墙到这条曲线顶点的水平距离，想想怎样做这条曲线吧。这条曲线做好了，屋顶曲面的其他边界线都不难做出。边界线完成后，就可使用 AutoCAD 的表面建模方法进行建模了。

如果你实在想不出法子来，不要紧，按照下面步骤一步步跟着做吧。

（一）用 AutoCAD 建模

1. 启动 AutoCAD。

2. 画一条长度为 12.5 米的水平线，作为正八角形平面的一条边。

3. 使用 UCS 命令定义一个在玻璃幕墙平面内的用户坐标系，并将这个用户坐标系保存为 Wall 坐标系。在这个坐标系内画玻璃幕墙的上边界线。

4. 在正八角形平面的中心，画一条垂直线与屋顶壳面的中心点相连。

5. 定义一个用户坐标系，其中心点为玻璃幕墙的下边线中点，Y 轴为玻璃幕墙的对称轴，X 轴为玻璃幕墙的下边线中点指向正八角形平面的中心点。将这个用户坐标系保存为 A 坐标系。将当前坐标系转为该坐标系。

6. 画屋顶壳面的背脊曲线。

7. 画屋顶壳面两壳相交的凹谷曲线。完成后如图 5.1.3 所示。

8. 回到世界（World）坐标系。画出屋顶曲面的外边缘曲线在地面上的投影曲线。将这条投影曲线作为边界，使用延伸命令（EXTEND）求屋顶外边缘曲线上的各点。用三维多义线连接这些点。注意曲率大的地方要多取些点，以使曲线有足够的平滑度。

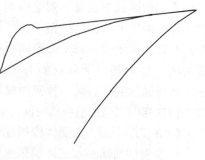

图 5.1.3

9. 将当前坐标系转为 Wall 坐标系。用表面建模命令建玻璃窗。将玻璃窗模型放在 Wall 层。用实体建模或表面建模命令建窗框，并将其放在 Bar 层。

分层是为了以后在 3D Studio MAX 中，能方便地选择物体进行赋材质操作。

10. 用 VPOINT 命令显示轴测图。

11. 用表面建模命令建屋顶曲面。由于屋顶壳体很薄，用单个面模型即可。如想其有厚度，可向下复制屋顶曲面，再建一个壳边缘的面。将屋顶曲面的模型放在 Shell 层上。

12. 用 BLOCK 命令将全部面、体模型定义成一个块。注意，如使用了目标捕捉功能（OSNAP），应先选择 none 取消目标捕捉。

13. 用 INSERT 命令插入以上定义的图块，并用 ARRAY 命令旋转复制 16 份。

图 5.1.4

14. 用 VPOINT 命令显示轴测图。完成后如图 5.1.4 所示。

15. 选择几个角度用 VPOINT 命令显示轴测图，并用 HIDE 命令消隐。观察模型是否正确。

我们会发现墙面与壳体吻合得很好，这是因为壳面的外边线是通过墙面上边线求出来的，只要取点足够，自然会吻合得很好。

16. 保存并退出 AutoCAD。

（二）在 3D Studio MAX 中，再完善模型并进行渲染

1. 启动 3D Studio MAX。

2. 选择 File/Import 菜单，在文件选择对话框中选择上面做好的 DWG 图形文件。

3. 在 DWG Import 对话框中选择 Completely replace current scene，即引入的模型完全替换当前场景。

4. 在 Import AutoCAD DWG File 对话框中，将参数设置为如图 5.1.5 所示。

这时，在 AutoCAD 中建立的模型就转换到 3ds max 中来了。你可能会发现有些面模型在 AutoCAD 中显示正常，而在 3ds max 的着色视图中却没有显示出来，在渲染后得到的图像中也看不到这些面。这是因为那些面模型的法向量错了。你可以选择这些面，再使用 Modify 命令面板将面模型的法向量翻转。下面我们并没有这样做，而是通过给它们赋一种双面材质来解决。但这样做会增加渲染的时间。

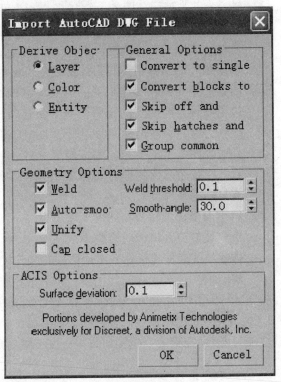

图 5.1.5

5. 在餐厅下画一六面体模拟地面，再在餐厅前画一六面体模拟水面，以便渲染出水中倒影效果。当然，水中倒影也可在后处理时制作。

下面我们来给模型赋材质。

6. 单击 Select by name 按钮，选择所有屋顶曲面，即所有名字以 Shell 开头的组。

7. 打开材质编辑器，给屋顶曲面指定一个双面材质。将该材质的 Diffuse 颜色设为白色。其他参数保持缺省状态。将该材质命名为 Shell。

8. 给窗玻璃指定一种 Multi/Sub-Object 类型的材质，并将该材质命名为 Wall。设子材质数为 1。设第一号子材质为双面材质。将第一号子材质的 Diffuse 颜色设为浅绿色，将其不透明度设为 90%。为第一号子材质指定一种 Flat Mirror 反射贴图，使玻璃能自动反射周围环境。

9. 给窗框指定一个双面材质。将该材质的 Diffuse 颜色设为黑色。其他参数保持缺省状态。将该材质命名为 Bar。

10. 给地面指定一个褐色材质，即材质的 Diffuse 颜色为褐色。将该材质命名为 Floor。

11. 给水面指定一种 Multi/Sub-Object 类型的材质，并将该材质命名为 Water。设子材质数为 1。为第一号子材质指定一种 Water 漫反射（Diffuse）贴图，以便在水面产生波纹。为第一号子材质指定一种 Flat Mirror 反射贴图，使水面能自动反射周围环境。

12. 设置一个用作环境的材质，为该材质指定一个蓝天白云位图的漫反射（Diffuse）贴图。在位图贴图的 Coordinate 卷展栏中，选择 Screen 环境（Environ）贴图坐标方式。用 Rendering/Environment 菜单，设置成渲染时使用这个贴图作为环境贴图。

现在材质基本设置好了，下面我们来布置光源。

13. 在餐厅的左前方，布置一个平行光源，用来模拟太阳光。

以上平行光源是画面的主光，选择主光的角度时，要考虑到渲染生成的图像与对图像做后处理时所要加的背景图的匹配问题。

14. 选择主光源，打开 Modify 命令面板。调整 Hotspot 和 Falloff 值，使主光源能照亮全部场景。将 Multiplier 参数调整到足够大，这里选择了 1.2。选择 Cast Shadows，使其产生阴影。选择 Use Ray-Traced Shadows（光影跟踪），使阴影更精确。

15. 在室外八个壳底下，各布置一个泛光源，并让其只照亮壳体，使壳底不至于太黑。

按 Modify 命令面板 General Parameters 卷展栏中的 Exclude（或 Include）按钮，可排除或选择光源所照亮的物体。

现在模型、材质、光源都建立完成了，可先用快速渲染看看效果如何。满意后，选择较大的分辨率进行渲染。

16. 选择前方正面角度摆放摄像机，进行渲染。这里选择的是正面稍偏一点的角度，如图 5.1.6 所示。

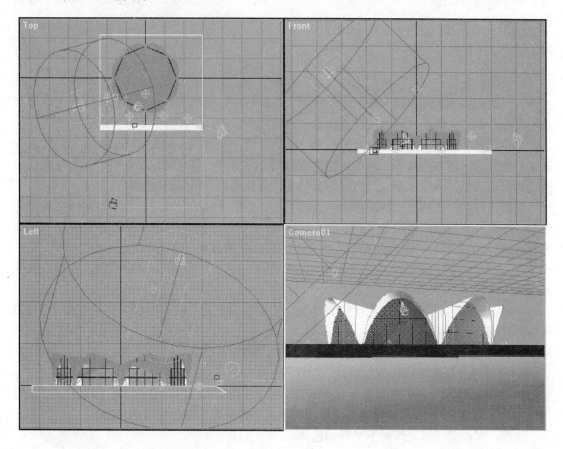

图 5.1.6

（三）对图像做后处理

1. 启动 Photoshop。

2．用 Open 菜单打开渲染得到的图像及背景、配景图像。

3．在背景图像窗口中，选择全部图像。用移动工具 ，将选择的图像拖入渲染得到的图像窗口中。这时，Photoshop 将建立一个新层，背景图像将被放在这个新层上。用"编辑/变换/缩放"菜单，将图像的大小调整到互相匹配。按住 Shift 键，再拖动调整方框，可使图像横竖向按同样比例放大。

4．加入人物、汽车等配景，并制作配景在水中的倒影。

至此，薄壳餐厅的效果图基本完成了。制作完成后的效果如图 5.1.2 所示（见第 192 页）。这里的曲面基本都是在 AutoCAD 中建立的。实际上，也可只在 AutoCAD 中输入几条控制曲线或点，然后在 3ds max 中用 NURBS 建模法建立。NURBS 建模法对于复杂曲线、曲面是比较有效的手段，但建筑上一般较少用到太复杂的曲面，这里就不做详细介绍了。

在薄壳餐厅的效果图中，我们加了一点花草作为近景，加了一艘小帆船作为中景，从而加强了画面的纵深感。浮在水面的小帆船及其在水中的倒影使海水更具真实感。背景中树木在水中的倒影是用 Photoshop 生成的，生成这些阴影时，要注意去掉被餐厅遮挡的部分。

三、薄壳餐厅夜景

建筑的夜景往往有着特殊的韵味。改革开放以后，很多城市都越来越重视街道灯光的布置，人们的夜生活也越来越丰富多彩。每当夜幕降临，华灯初上，璀璨的灯光把我们的城市装扮得分外妖娆。因此，建筑的夜景美也越来越重要。

制作建筑的夜景效果图，主要是注意灯光的布置。在夜晚，有发自建筑内部的灯光，有街道的路灯、有汽车的灯光，有布置于建筑物周围的射灯，甚至建筑顶部也布置有灯光。另外，尽管是夜晚，天空常常也有微弱的反射光，使建筑呈现出模糊的轮廓。

我们可在建筑物的四周接近地面处设置若干个微弱强度的泛光灯，使建筑呈现出模糊的轮廓，这种灯光的颜色值可取（19，21，24）。建筑物外布置的射灯可用聚光灯模拟，其颜色值可取（230，173，84）。对于灯桩则通常关闭 Cast Shadows 选择项。

总之，一般要求制作成建筑物室内灯火通明的效果，室外则基本呈现暗调，或再点缀一些灯光。

下面，我们用前面的薄壳餐厅模型制作一幅夜景效果图。制作完成后的效果如图 5.1.7 所示（见第 192 页）。

1．进入 3ds max，并打开前面制作的薄壳餐厅场景。

2．在薄壳餐厅的四周接近地面处，设置几个微弱强度的泛光灯。

3．在薄壳餐厅室内正中间接近屋面板处，设置一个泛光灯作为主光源。打开泛光灯的 Cast Shadows 选择项。为使室内呈现黄色调，将灯光的颜色值设为（230，173，84）。注意，室内使用日光灯时不呈现黄色调。

4．在薄壳餐厅屋顶以上一定高度处，设置一个微弱强度的泛光灯只照亮餐厅薄壳，并打开泛光灯的 Cast Shadows 选择项。将灯光的颜色值设为蓝色。

5．夜晚室内比室外光亮，室内的物体可透过玻璃窗看到。因此，我们在薄壳餐厅内再加上一些餐桌、餐椅等物体，并设置几个聚光灯照亮它们。但注意这些物体的模型不必建得太细。

6. 渲染并保存图像，退出 3ds max。

渲染完成后，下面进行图像后处理，加背景及配景的工作。我们可以在前面合成的薄壳餐厅白天效果图的基础上，用夜景渲染图像替换前面的白天效果渲染图像层，从而合成夜景效果图。

7. 进入 Photoshop5.0，打开前面合成的薄壳餐厅白天效果图（必须是 PSD 格式）。

8. 打开夜景渲染图像。

9. 在夜景渲染图像窗口，利用 Alpha 通道选择全部前景图像。

10. 利用 Move Tool 工具 ，将夜景渲染图像的全部前景图像拖动复制到前面合成的薄壳餐厅白天效果图窗口。

11. 用 Edit/Transform/Scale 菜单，将夜景渲染图像缩小，使其大小与薄壳餐厅白天效果图中，渲染生成的图像大小相近为止。删除薄壳餐厅白天效果图中渲染生成的图像层。

12. 使用 Image/Adjust 菜单，将背景、配景图像的色调调整至与整体相协调。将树木的亮度调至最低。删除原来的天空图像，用渐变工具制作一个低饱和的淡蓝色天空。将小帆船去掉，将近景花草的亮度适当调低。重新制作树在水中的倒影。

制作完成后的效果如图 5.1.7 所示。通过光源的布置，成功地模拟出白色薄壳屋面在夜色中呈现淡淡的蓝色。室内的灯光在室外薄壳上产生的阴影也模拟得非常真实。缺点是餐厅太过冷清，若将室内再丰富一些，制作出热闹的气氛则更好。

5.2　室内效果图

一、罗马小体育宫

罗马小体育宫是为 1960 年在罗马举行的第 17 届奥运会修建的，平面呈圆形，可容纳观众 5000 人。其设计者为意大利著名结构工程师奈尔维。罗马小体育宫是他的得意之作，并被当作工程力学的典范而著称于世。

罗马小体育宫的屋盖采用穹窿面预制钢筋混凝土网架结构，整个薄壳拱由 1620 块菱形槽板拼装而成，壁厚只有 25 毫米。其屋盖的室内效果，如图 5.2.1 所示（见第 193 页）。

我们来观察和分析图 5.2.1。其屋顶曲面不难建立，可用一 YZ 平面内曲线旋转生成。在 AutoCAD 中，它可用 REVSURF 旋转生成表面命令生成；在 3ds max 中，它可用 Lathe 编辑修改器生成。对圆环梁可先画圆环梁中心线，即一个圆，再画圆环截面，用 AutoCAD 的 Extrude 命令生成圆环，或用 3ds max 的 Loft 命令放样生成。对空间曲梁，则可先画空间曲梁的中心线，即一条空间曲线，画空间曲梁的截面，再复制这条线到截面的四角，得到空间曲梁的四条边线。用 AutoCAD 的 RULESURF 两对边定规则表面命令就可生成空间曲梁的四边曲面。其顶面与屋顶重合，不必输入。

下面，请按以下步骤练习。

1. 启动 AutoCAD。

2. 画三个同心圆，大圆半径 30 米，小圆半径 3 米，中圆半径 6 米。

3. 从圆心画一条铅垂线至屋面顶点。

4. 画出通过中心的屋面竖向剖面线。

5. 将中圆和小圆向上移动到与剖面线相交。

6. 用 3DPOLY 命令画出曲梁顶面中心曲线。

7. 用 VPOINT 命令显示轴测图，如图 5.2.2 所示。

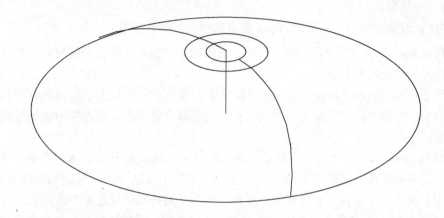

图 5.2.2

8. 在曲线的端点处画好截面线。使用上面所述方法建立梁的体模型或面模型。

注意，对于那根中心轴线不在任何平面内的空间曲梁，用 Extrude 拉伸方法很难生成，用 3ds max 中的放样方法也很难生成，还是用上述先画四条边线，再用 RULESURF 两对边定规则表面命令生成的方法较好。

在生成表面时，切记要将 SURFTAB 1 和 SURFTAB 2 系统变量的数值设置得适当。如过大，以后在 3ds max 中旋转复制后，会产生过量的信息，从而无味地大大降低渲染速度。如设置太小，则模型不够精确。

9. 用 REVSURF 旋转生成表面命令生成屋面。完成后，如图 5.2.3 所示。

10. 保存图形，并退出 AutoCAD。

11. 启动 3ds max。

12. 选择 File/Import 菜单，在文件选择对话框中选择上面做好的 DWG 图形文件。

13. 在 DWG Import 对话框中选择 Completely replace current scene，即引入的模型完全替换当前场景。

14. 在 Import AutoCAD DWG File 对话框中，将参数设置为如图 5.1.5 所示。

15. 选择曲梁，先用 Mirror Selected Objects ▶◀ 工具对称复制，再用 Array 🔆 工具，将两根梁作 360 度旋转复制 108 个拷贝。

16. 在四周布置聚光灯，设一聚光灯射向屋盖中心。如图 5.2.4 所示。

下面，我们使用 Volumn Light 体积光来制作一个光柱。

17. 选择 Rendering/Environment 菜单，将出现 Environment 对话框。单击 Add 按钮，选择

186

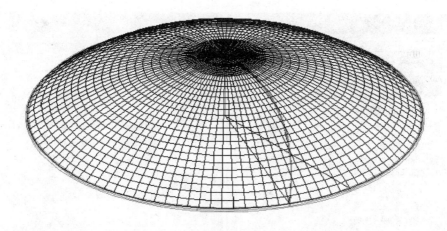

图 5.2.3

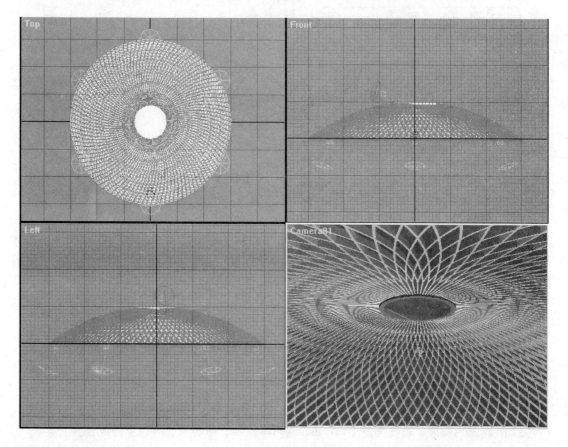

图 5.2.4

Volumn Light 体积光。Environment 对话框变为如图 5.2.5 所示。将面板往上推后，Environment 对话框变为如图 5.2.5 右图所示。

18. 单击 Pick Light 按钮，选择前面建立的射向屋盖中心的聚光灯。将参数设置为如图 5.2.5 所示。

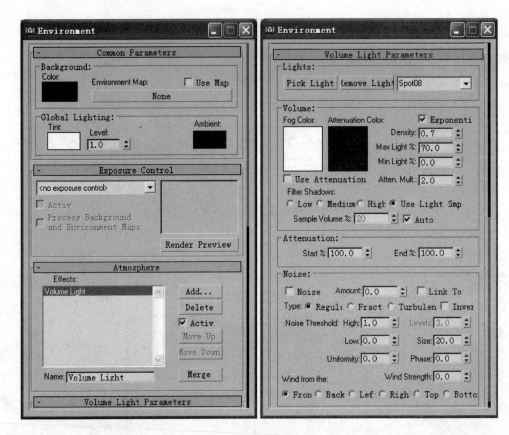

图 5.2.5

19. 渲染并保存图像。

完成后的效果如图 5.2.1（见第 193 页）所示。这个效果图无需进行图像处理，也未采用特别的材质。为免除图像太单调，加了一点灯光效果。其屋顶天花由梁肋组成的菱形网格图案极富韵律感，非常精致、美丽。

二、某乡间别墅小客厅

某乡间别墅小客厅的效果如图 5.2.6 所示。下面我们做这个练习，主要是熟悉一下材质的调整及用光的方法。

1. 启动 3ds max。

2. 画地面、楼顶、墙面。用布尔运算方法，在左侧墙上开落地窗洞。

3. 给地面、楼顶、墙面施加 UVW Map 编辑修改器、赋材质，并设置好贴图坐标。

4. 在落地窗洞处画落地窗。方法为：先使用 Line 命令画窗框、窗格的中心线及其截面线，再用 Loft 命令放样。

5. 给落地窗赋木纹材质。给窗玻璃赋予 Multi/Sub-Object 材质，并选择 Flat Mirror 作为反射贴图。

下面我们在墙角放落地灯。

6. 使用 Cylinder 命令画灯杆，并给它赋材质。

7. 使用 Tube 命令画灯罩，并施加 Taper 编辑修改器，使上端变窄。

8. 在灯罩中放置两个 Target Spot 目标聚光灯，一个向上照射，一个向下照射。

9. 在落地窗外加一个 Target Direct 目标平行光源，选择 Cast Shadows 选项。调整其照射方向，使其在室内产生较长的阴影。

10. 设置一摄像机，使其目标点水平对准落地灯偏右一点的地方。

11. 在摄像机上方设一辅助光源。

12. 使用 File/Merge 命令，将沙发的模型调入场景。调整其大小，并复制一个，旋转 90 度。

13. 画茶几。茶几的四只脚可用圆柱体，横杆可用六面体或放样建模。茶几玻璃面中间可用六面体，四角可用四分之一个圆柱体。四分之一圆柱体的建立方法为：先用控制面板上的 Cylinder 命令建立圆柱体，再选择控制面板上 Parameters 卷展栏中的 Slice On 选项，并将 Slice From 参数设为 0 度，将 Slice To 参数设为 −90 度。输入完成后，可使用布尔运算将它们合并。

14. 给茶几玻璃赋予 Multi/Sub-Object 材质，并选择 Flat Mirror 作为反射贴图。注意，将茶几玻璃和窗玻璃赋不同的材质。

15. 在墙上挂一幅抽象画。像框模型采用放样的输入方法。其截面型采用光滑的曲线。

现在，模型建立完成了，如图 5.2.7 所示。我们可以渲染出来看看效果如何了。

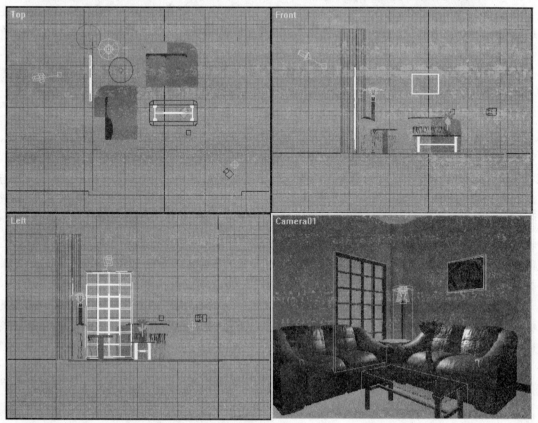

图 5.2.7

渲染后，我们很可能见到的效果不如人意。对于材质的参数及光源的设置都需要经验。但我们只要多比较一下，就会逐步达到满意的效果。你也可不按下面的参数，选择其他色调试试。

16. 将茶几玻璃材质的漫反射颜色设为浅棕色，Shininess 设为 25，Shin. Strength 设为 5，Opacity 设为 30%，Reflection 设为 40%。

17. 将灯罩材质的漫反射颜色设为白色，Shininess 设为 25，Shin. Strength 设为 5，Self-Illumination 设为 50%，Opacity 设为 50%。

18. 将沙发材质的漫反射颜色及过滤色设为蓝色，Shininess 设为 25，Shin. Strength 设为 50，Self-Illumination 设为 0%，Opacity 设为 100%。

19. 将窗玻璃材质的漫反射颜色设为白色，Shininess 设为 25，Shin. Strength 设为 5，Opacity 设为 50%，Reflection 设为 60%。

20. 将窗外光源的 Multiplier 设为 1.0。

21. 将室内辅助光源的 Multiplier 设为 0.5，并选择 Near 衰减至沙发前部。

再次渲染后的效果如图 5.2.6 所示（见第 193 页）。其背景，即窗外的景象是在 3ds max 中加入的。加背景的方法是：

• 先用黑色作背景，渲染出一幅图像。

• 在 Photoshop 中，将背景图像复制到渲染得到的图像中，并单独作为一层。

• 调整背景图像的大小及位置。满意后，关闭除背景图像外的所有层，移动光标，在 Photoshop 的 Info 控制面板中，查看经过调整后背景图像的大小及位置，从而计算出在保持背景图像的分辨率不变的情况下，需要将背景图像放大的倍数。

放大倍数 = 背景原图大小 / 背景图像调整后的大小

新背景图像大小 = 放大倍数 × 背景原图大小

• 按照以上计算出的新背景图像大小制作一幅图像，并使用它再在 3ds max 中渲染。

由于背景图像常常点数不多，若再变比例损失分辨率，最终出来的效果会很差。因此，建议按以上方法进行处理。

该乡间别墅小客厅采用的是冷色调为基调，地面采用暖色。在茶几上放一花瓶，从而与落地灯、窗外景色形成一个由近及远的视觉中心。通过这个视觉中心，使人了解到设计的意图；也就是使主人在这个小客厅有一种恬静之感，可以靠在沙发上闭目养神，也可看看书，或欣赏一下窗外的景色。这里并没有采用大窗，因为那会破坏安静的环境。同时选择落地窗，又方便主人坐在沙发上欣赏窗外的景色。阳光通过落地窗照射进来，窗格在室内产生柔和的阴影，使室内环境生动了。

该效果图模型并不多，但她用无声的语言表达了要表达的东西。这就像写文章一样，真可谓惜墨如金。因此，制作效果图也是一门艺术。舞蹈有舞蹈语言，制作效果图同样是要表达点什么，也有其表达词汇。如果乱说一气，人家不知所云，效果图也就没有效果了。

◎ 图 5.1.1 桃树中心广场圆形塔楼

◎ 图5.1.2　薄壳餐厅

◎ 图5.1.7　薄壳餐厅夜景

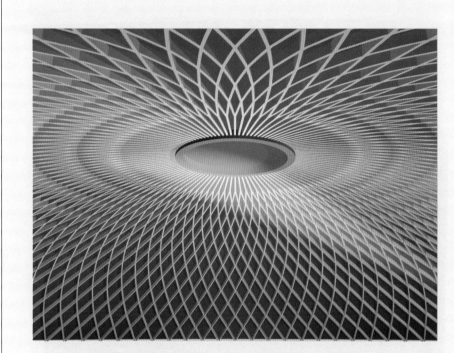

◎ 图5.2.1　罗马小体育宫

◎ 图5.2.6　某乡间别墅小客厅

193

第六章

怎样成为专家

20世纪80年代中，在一次全国计算机应用开发的学术会议上，我国几个很有远见的年轻人提出在微型机上开发 CAD 系统的新思路，至今已近二十年了。当时就是这几个年轻无名小辈的论文，引起了力学专家钟万勰院士的重视。他在总结会上，高度评价了这篇论文，说它打响了 CAD 开发的起跑枪声。

翌年，这几个年轻人推出了我国第一个在微机上开发的 CAD 系统（MASD 系统）。从此，我国 CAD 开发和应用如火如荼，正是这十几年间 CAD 在我国得到了普及应用，发挥了巨大的效益。建筑界也涌现了一大批 CAD 应用能手，也出了不少开发人才。而且，国际建筑界也正是这十多年来普及应用了 CAD。

但是，我国的 CAD 开发，甚至整个软件产业却未得到应有的发展。其原因是复杂的，这里暂不探讨。但希望大家成为 CAD 应用能手，更希望有志者成为 CAD 开发的专家。

毫无疑问，掌握电脑效果图的制作技术，可以激发我们的艺术灵感，提高建筑设计水准。但话又说回来，无论你想成为哪方面的专家，计算机仅仅是我们手上的工具。笔者在全国各地推广应用 CAD 的时候，常常首先要谈及 CAD 的意义。CAD 是计算机辅助设计，不是计算机代替人们去设计。你若不懂建筑设计，不能因你有了计算机而成为建筑师。

6.1 电脑效果图是建筑师表现的工具更是建筑师构思的工具

在整个建筑设计过程中，设计与表现是不可分割的两个部分。和我们远古时候的祖先不同，他们给自己造"房子"的时候，不要图纸，就像现在的动物那样，只不过给自己盖个"窝"而已。但随着人类的进化和社会的发展，建筑体量越来越大，功能也越来越复杂，于是也就产生了建筑师（工匠）；于是也就不得不借助一些工具来帮助构思和将自己的抽象思维表现出来。而电脑效果图正是建筑师表现和构思的一个工具，而且是一个激动人心的能大大拓宽我们抽象思维空间的工具。

我们通过勾草图来进行形体研究，通过做建筑模型来进行建筑的外部和内部空间研究。这些手段，虽还不能说要抛弃，也起码不应作为主要手段了。草图难以表现建筑的空间特性，更不能进行建筑的细部推敲。建筑模型则难以更改，且无法表现光影变化、材料特性，也无法进行建筑环境的研究。计算机可视化（Visualization）技术给建筑师们带来了革命性的建筑设计作品表现工具。我们可以利用计算机的三维线框、影像处理、动画和虚拟现实对建筑做详细的研究了。计算机可视化技术使设计者的表现更接近真实状态。显然，这将给建筑设计带来巨大的潜力。

令人忧虑的是，不少人产生了对建筑效果图的一种误解。建筑师往往是将建筑方案考虑好后才来做效果图，而且将计算机表现图的概念仅仅局限于经过渲染的图像。说白了，建筑效果图纯粹为了糊弄甲方。有的设计者甚至花大工夫将图像处理得十分"漂亮"，以求中标。这严重歪曲了计算机可视化技术使设计作品的表现更接近真实状态的原意。其危害是严重的。不少甲方盲目相信效果图体现真实状态，而光凭感观决定建筑方案的取舍。这样可能真正优秀的方案落选了，而平庸之作得以实施。这是建筑设计的短视，呼吁大家摒弃这种短视，提防这种短视。

造成这种短视的原因是多方面的。重要原因恐怕还是多数建筑师还不懂得制作电脑表现图，或不会利用电脑表现图进行设计构思。前几年，一些建筑师长期地被设计任务压迫着，总是使用习惯方法来应付着一个接一个的工程，一般难以强迫自己留出时间提高一下。现在，任务不是那么多了，也正是提高业务水平的时机。希望这本书能使建筑师们感觉到建筑效果图制作是一件轻松的事。让我们来摸索利用电脑表现图来提高我们的艺术素养和设计水平的方法。另外，还呼吁有水平的建筑师们也要认识到电脑表现图表现设计的重要性。一个很好的作品不能得到充分的表现，将是很可惜的。

现在，越来越多的建筑师将建筑电脑可视化技术应用到了建筑方案设计过程中。有的建筑师自己不会制作效果图，就找专业的效果图制作师合作。优秀的电脑建筑效果图制作师在效果图制作的过程中，能够对建筑方案提出修改建议。这样通过反复修改，可将建筑方案搞得更加完美。但效率不太高，反复请人制作效果图成本且不算，时间耗费较多。有些建筑师自己学会了制作电脑建筑效果图，他们在设计过程中，随时应用其中的可视化技术，使他们的设计工作如虎添翼。

6.2 电脑建筑效果图创作技巧

下面我们谈的电脑效果图创作技巧，主要是从美术方面、建筑画表现技巧方面再结合电脑效果图的特性来论述的，而不是具体讲解某个特殊模型该怎样建立。比如要成为摄影家，我们首先必须熟悉手中的照相机，下一步就要靠艺术修养的提高了。摄影创作是摄影技术与摄影艺术的有机结合。电脑建筑效果图创作同样也是技术与艺术的有机结合。可能有人会说，制作电脑建筑效果图不是绘画，不是摄影。的确，它与绘画、摄影有很大区别，但绘画和摄影的很多艺术手段在电脑建筑效果图创作中是大有用处的。认识到电脑建筑效果图创作也是一种艺术创作很重要。为什么有的人渲染软件、图像处理软件都非常熟悉，却制作不出一张象样的电脑建筑效果图呢？缺少艺术功底正是主要原因之一。但一名优秀的建筑师甚至只需不到一个星期的学习，就能制作出很具美感的电脑建筑效果图了。

建筑师在制作电脑建筑效果图的过程中，感觉我们要表现的对象——建筑设计作品有什么不满意时，可以立即修改它。制作电脑建筑效果图的过程也同时是优化建筑设计作品的过程。因此，电脑建筑效果图的美包含两方面的因素，即建筑设计作品本身及表现它的艺术手段。糟糕的建筑设计作品可能因为高超的效果图表现手段大为增色；优秀的建筑设计作品也可能因为低能的效果图表现手段而逊色。

目前的电脑建筑效果图创作已经开始从技术的阶段向艺术创作的阶段深入了。不少电脑建筑效果图制作专家开始摸索怎样用艺术手法通过电脑建筑效果图表现建筑设计作品。实际上，学会制作电脑建筑效果图是容易的，但要成为电脑建筑效果图艺术创作专家就难了。这也不是这里能讲清楚的。下面我们从视角的把握、色彩和用光三方面，并结合电脑效果图创作的特殊性来谈一下，希望能对读者进一步深入有所裨益。

一、视角的把握

通过视角的正确把握，我们才能使效果图突出表现建筑，而非只为图像漂亮，才能找到最能体现设计意图的视角。通过视角的巧妙把握，我们可以控制画面的透视效果，制作出别具韵味、意境、新颖、独特及富有强烈感染力和艺术表现力的效果图，从而使设计意图得到充分表现。

视角的把握有两个方面，即视点的选择和透视关系。视点的选择就是指站在什么地点，以什么角度来观察，也就是将摄像机摆在什么地方。透视关系就是指怎样控制画面的透视效果来表现建筑。

我们建立的建筑模型是由位于不同空间位置上、彼此间隔一定距离的各个三维对象构成的。这些三维对象都有各自的立体形状和尺寸。当视点确定后，摄像机和各个三维对象的距离就确定了，我们称这个距离为物距。

渲染后得到的图像中，不同空间位置上形状和尺寸各异的三维对象都将在同一平面上反映出来。这类似于照相，不同的是电脑效果图是计算机通过大量计算得出的，而照相是光线通过镜头在胶片上感光。我们人眼看到的、照相机摄下的像片和电脑效果图都是一种透视图像。但它们之间是有区别的。照相机和人眼都有景深的问题，而电脑效果图只要分辨率足够，远近都可清晰。人眼在距离物体较近时，眼睛迅速调焦，使用不同的焦距观看远近不同的物体，从而不会有严重透视变形的感觉。但照相机和电脑效果图都会因为物距过小而产生严重透视变形。这就是为什么我们的建筑施工完成后，人们常常会感到完成后的建筑与效果图不一致的原因之一。

不同的物距将产生不同的透视效果。物距小的三维对象在效果图上将会占较大的图像面积，物距大的三维对象在效果图上将会占较小的图像面积。这与我们观看客观景物一样，近大远小、近高远矮、近宽远窄、近粗远细、近厚远薄、近深远浅、近疏远密、近散远聚。这就是所谓几何透视规律。

在摆放摄像机的时候，要选择摄像机镜头的焦距。焦距也会对透视效果产生影响。焦距越短视角越大、越广，图像显示的空间范围也越大、越广阔；反之，焦距越长则视角越小、越窄，图像显示的空间范围也越小、越狭窄。

现在，我们已理解了透视规律及效果图与人们对物体的真实观感的区别。那么到底要怎样来把握视角呢？大致可以遵照以下几点来把握。

首先是要主次分明。我们制作电脑建筑效果图是为了表现建筑及建筑设计意图、意念的。因此，我们通常使建筑物处在图像的突出位置，使建筑物在图像中占大部分面积，使建筑物成为视觉的中心。在建筑物中，我们为了突出表现某一部分，也可让其与其他部分有主次之分。如果在一幅图像中什么都想表现，结果使画面凌乱分散，就没有了引人注目的视觉效果。

我们在选择视角，进行构图的时候，要把握好画面的均衡。客观世界的物体有大有小，有远有近，有虚有实。在电脑建筑效果图中也是同样。如果我们制作的效果图轻重不匀，画面就显得不稳定，看起来就不舒服。但构图的均衡不等于呆板、四方四正、四平八稳，而是有变化的均衡。画面的均衡牵涉建筑主体的位置、所占画面的大小、色块、光线等等。关键因素是主体的位置。一般情况下，可将建筑的重心放在黄金分割点上。所谓黄金分割就是，整体与较大部分之比，等于较大部分与较小部分之比。一般来说，将主体放在黄金分割点上，最符合人们视觉的欣赏习惯，既有变化，又有稳定和舒畅的感觉。

在选择视角时，我们通常取正面、背面、侧面，或正偏侧面、俯视、仰视等角度。不同的角度，获得的形象是不同的，都各有特色。在摄影创作中，我们是根据创作意图来决定视角的取舍。但我们在制作电脑建筑效果图的时候，却有所不同。当你选择了一个俯视的角度制作出一张非常棒的效果图给客户看的时候，客户可能又要求你提供一个正面的效果图。我们设计的作品必须各个主要角度的视觉效果都是不错的。

一般来说，我们在制作电脑建筑效果图的时候，尽量模拟人眼看到的效果，使图像不产生严重的透视变形，但也绝不要教条，最根本的还是利用艺术手段充分表现建筑设计意图。只要能达到这个最根本的目的，不妨大胆采取非常规的艺术表现手法。

二、色彩

我们生活的世界是一个色彩斑斓的世界，我们设计的建筑也是一样具有丰富色彩的。然而，我们看到的色彩是凭借光的作用产生的，没有光也就看不见色彩；光线也能使色彩产生变化，同时色彩与物体本身的特性有关。

色彩的三个基本要素是色相、明度和饱和度。

色相是区别不同颜色的名称。如日光中有红、橙、黄、绿、青、紫六种色相。这六种色相的不同组合可以产生许多的色相。色彩的调和与对比关系及画面的色调主要是由色相决定的。

明度是指色彩的明暗程度。物体在光线的照射下，在其各部位产生明暗和深浅的变化，从而使景象有了丰富的层次和立体感。

饱和度就是色彩的鲜艳程度。颜色越鲜艳，饱和度越大。颜色越淡或越混浊，饱和度就越低。一般光线越强，色彩的饱和度就越大。

我们在进行色彩调配的时候，要有一个基调，要注意色彩的冷、暖搭配，要注意色相与明度的对比。既要考虑色彩的和谐统一，又要有色彩的多样性。通常色相的差别和面积的大小应成正比，色彩对比强，面积差别宜大。如"万绿丛中一点红"，就是这个道理。

我们观看客观景物的时候，由于大气对光线的弥散作用及水汽、尘埃等的亮度对景物反射来的光线的叠加作用，会出现近实远虚、近暗远亮、近浓远淡、近艳远素的效果。这就是所谓大气透视规律。但在我们渲染得到的图像中不会有这种效果出现。我们要模拟这种效果，可以在图像后处理阶段用图像处理软件创造出来。当然，在建筑效果图中一般很少出现这样的情况，特别是单栋建筑物，它们的物距相差不会很大。但在加配景、背景、前景时要注意符合这个规律。

由于大气等介质对光线的散射作用，视觉存在下面色彩变化规律：白天近中午阳光下的近处景物色调真实，远处景物则会稍偏淡蓝色；早、晚阳光下的景物分别会稍呈橙、黄色调；阴天或雾天、月夜下的景物则会蒙上一层淡淡的蓝色调。如果在渲染前不做特殊处理，这种效果在电脑效果图中通常也不能通过渲染计算得到。当然，这种效果同样可以在图像后处理阶段用图像处理软件创造出来。

一幅漂亮的图像在屏幕上制作出来了，最后的打印操作仍需重视。图片的质量除了与输出设备及纸张的性能有关外，还取决于操作是否正确。初学者，甚至效果图创作专家经常抱怨图像打印出来的与屏幕上看到的色彩不一致。这常常是下述原因导致如此：

（1）打印参数设置不正确。如所用的打印纸类型、墨水类型、半色调法的选择等等。请认真阅读打印设备的说明书，将参数设置正确即可。

（2）直接用非 CMYK 模式的图像输出到打印设备，并且图像色域超出了打印设备的色域。

我们渲染生成的图像及在图像处理过程中，通常使用 RGB 模式。我们的显示设备是采用 RGB 模式的，而打印设备却是采用 CMYK 模式的，即通过混合青（C）、红（M）、黄（Y）、黑（K）四种颜色来产生数百万种颜色，也就是所谓四色印刷。前面已经讲过，RGB 模式是一种加色模式，而 CMYK 是一种减色模式。它们可表示的色域是不同的。当我们在打印设备上输出图像时，也就有一个从 RGB 模式转换为 CMYK 模式的过程，也就是所谓分色。在两种模式色彩的转换过程中常导致偏差。

现在，我们知道了这个道理，就明白了为什么图像打印出来的与屏幕上看到的色彩不一致。那么怎样解决呢？

基本上有两个解决的方法：第一个方法是用 Photoshop 的"视图/校样颜色"菜单或按 Ctrl + Y 键激活 CMYK 预视，再用"图像/调整"菜单调整图像的色调直至满意。第二个方法是使用自动匹配屏幕的软件，如 ColorSync 2.0 等。此外，经验多了，你就会懂得怎样在渲染之前，小心设置参数，尽量避免这种情况的发生。

（3）屏幕未校正的因素。不同的显示设备，在不同的光照情况下，都会影响图像在屏幕上的色彩显示效果。这自然也间接影响到打印的效果。不过通常情况下，它影响的程度不太大；因此，通常并不校正屏幕，注意使屏幕处于室内正常的光照条件即可。

如需校正屏幕，可选择 Windows 控制面板的 Adobe Gamma 进行校正。安装完 Photoshop 后，控制面板中就会有 Adobe Gamma 图标。双击 Adobe Gamma 图标，按照它的提示一步步进行即可。

三、用光

用光是摄影中最重要的艺术手法，但在电脑建筑效果图创作中很值得借用。摄影离不开光，效果图创作同样离不开光。若在三维场景中没有光源，渲染后的图像将是漆黑一片。光源的设置也是表现材料质感和明暗层次关系的重要因素。

光是有强弱之分的。我们在三维场景中设置光源时，可指定光源的强度。在现实世界中，光源与被照射对象的距离越远，光的强度就越弱，反之光就越强。但我们使用的渲染软件并不一定能考虑这种光强变化，如 3DS MAX 2.X 版本就不能考虑这种变化，而 LightScape 等软件利用一种所谓"光能传递"技术，则能考虑这种光强变化。

因为场景中的光源并不能完全模拟现实世界中的光源，我们在三维场景中设置光源时，并不是完全按照真实情况进行设置。为了模拟真实情况，我们往往要增加一些并不存在的光源，特别是使用非"光能传递"技术的渲染器时，布置光源更是费尽心机。

在布置光源时，我们一般首先设置一个主光源。当制作建筑的外部效果图时，我们一般可建立太阳光源作为主光源。在 3DS MAX 2.0 以上版本软件中，可用 Create 命令面板粒子系统 ✳ 的 Sunlight 命令建立太阳光源。在设置太阳光源时，需要指定日期（年 Year，月 Month，日 Day）、时间、经度 Longitude、纬度 Latitude 等参数。我们一般选择早晨或下午的光线，而很少选择中午前后的光线。因为中午前后的光线角度比较大，会使屋顶等朝上的面比较亮，而占图像大部分面积的立面却反而比较暗，这样势必使图像缺乏层次感。

为了进一步增加画面的表现力，我们经常还要增加一些辅助光源。若只有一个主光源，画面的高光和阴影会很明显，对比会十分强烈，虽然这也是一种造型效果，但在建筑效果图中一般很少用。辅助光源一般强度设置得比主光源小很多。加辅助光源的目的正是给深暗的阴影加些光亮，使阴影中的细部有所显现。辅助光源的光强一定要合适，否则会在图像上产生不好的阴影，通常主、辅光的强度比为 3:1 较适宜。

对于室内效果图，光源的布置一般较复杂。当光源较多时，阴影难以控制。在 3DS 及 3DS MAX2.5 以前的版本中，泛光灯是不能产生阴影的。虽然在 3DS MAX2.5 版中，泛光灯也能产生阴影了，但建议还是尽量用聚光灯来产生阴影，而关闭泛光灯的 Cast Shadows 选择项。因为通常聚光灯比较容易控制一些。

在 3DS MAX 5.0 以上版本中，阴影有四种生成方法，即 Area Shadows（区域阴影）、Adv. Ray Traced（高级光影跟踪）、Shadow Maps（阴影映射）和 Ray-Traced Shadows（光影跟踪）。光影跟踪是 3ds max 中产生阴影最精确的方法，但渲染时间将大大增长。若使用阴影映射，则使用的映像尺寸（Size 参数）、光源离照射目标的距离都会影响阴影的平滑程度。增大映像尺寸，会增加渲染时间，一般映像尺寸设置为 1500 左右基本上就可以了。

不少人以为使用了光影跟踪就行了，他们并不真正了解光影跟踪。其实，使用光影跟踪生成的阴影与真实阴影还有很大差距，通常阴影边缘过于尖锐，阴影过浓、过硬。影响阴影的参数还有 Hotspot 和 Falloff。Hotspot 和 Falloff 的数值越接近，阴影边缘越尖锐。使用阴影映射方法产生的阴影，虽然没有光影跟踪精确，但可以模拟阴影的模糊效果，阴影边缘可以柔化。因此，我们应该充分了解各种方法的特性，灵活应用，而并非不加分析地一味使用光影跟踪。一般来说，光影跟踪比较适宜表现太阳光产生的阴影，而在室内环境下，特别是灯光较多，光线复杂情况下，使用阴影映射方法比较容易控制，阴影效果也较真实。

要掌握好用光，必须靠不断的练习和摸索。只要把握好艺术表现的大原则，不难摸索出一套自己的用光手法。

6.3 利用表现图进行建筑方案构思的基本方法

关于利用表现图进行建筑方案构思已经超出了本书的范围，以下仅对其一般的研究手段作简单的介绍。

一、环境研究

在进行方案构思之前，我们可将地形图输入电脑。输入地形图最好的方法是，先用大型扫描仪扫描得到地形图的图像文件，再利用矢量化软件将图像矢量化；若地形图比较简单，可用 AutoCAD 在数字化仪上将地形图输入电脑；若地形图比较复杂，可先用大型扫描仪扫描得到地形图的图像文件，再用 AutoCAD R14 以上版本的 IMAGE 命令将图像调入 AutoCAD 图形，并用 PLINE 或 LINE 命令沿图像中的线条描一遍，将其矢量化。最后将地形图的图像删除，并将地形图转化为三维模型。AutoCAD R14 以上版本的 IMAGE 命令可读入 BMP，GIF，JPEG，PCX，PNG，TGA，TIFF 等格式的图像。对周围已有建筑物可将其三维模型简化输入电脑。这样，我们就得到了比较准确的地形三维模型，就可方便地在这个模型上研究地基及周围的环境特征，并进行建筑的形体构思了。

建筑的环境研究包括地形、地貌、周围已有建筑物的状况等多方面的内容。对于地形、地貌，要了解地基是处于山地还是平地，周围的道路情况，对于大型建筑还应了解地基的勘察情况。

二、功能研究

建筑不同于其他艺术品，它首先要满足功能上的需求，其次才是美观。因此，建筑的形体首先要受环境和功能的约束。在进行形体构思之前，应进行功能研究。现代建筑物越来越复杂，体量越来越大，功能要求也越来越高、越来越繁杂。深入的功能研究可以使我们充分掌握功能对形体的要求，也使我们的构思有了基础和依据。

通过进行环境和功能研究后，我们可将环境和功能对建筑形体的约束条件尽量用图形的方式，反映到地形三维模型的图形上去。这样，我们在进行形体构思的时候，就随时能形象地了解到它的约束条件。如建筑总高度限制、日照要求限制、与其他建筑物的间距限制等等约束条件，都可以用一种特别颜色（如红色）的直线或其他图形，表示在一个专门的层上（LAYER）。这样，当不需要显示它们的时候，可关闭这一层的显示。

三、形体构思

形体构思是建筑方案设计的最重要一环。但实际上它与环境和功能研究并非泾渭分明。环境和功能的研究，常常会激发我们的形体构思灵感。形体构思又必须受环境和功能的约束。研究环境和功能约束下的建筑形体，进行多方案的比较是形体构思的常用手段。

在形体构思阶段，我们可以先由体块的研究开始。根据环境和功能的要求，我们将建筑分解为若干个体块模型。在 AutoCAD 中，我们将体块模型输入到地形三维模型上。移动体块模型进行各种组合可产生不同的形体。这就像搭积木一样，反复推敲，由粗到细，由大的体块逐步细化。

比如，设计高层建筑的时候，开始我们可将主体建筑若干层分为一个体块，裙楼分为若干个体块，再进行拼凑。之后，我们研究细化到将建筑的每一层分为一个体块。我们可先将标准层做成一个图块（BLOCK），其他非标准层各做成一个图块，将这些图块插入到地形三维模型上，再进行深入的研究。再进一步细化的时候，我们只需修改每层的图块。如果是使用内部块，即用 INSERT 命令插入的图块，图块修改完后，在主图形中重新定义该块，插入到地形三维模型上的同名图块可自动更新。如果是使用外部引用块（XREF），主图形中的同名图块随时可自动更新。

合理地使用图块，可大大减小数据量，从而加快图形的处理速度。在定图块的名字的时候，可在层名中加上层号，这样随着不断深化，图形越来越复杂的时候，我们就仍可快速地找到我们要编辑的部分。

需要注意的是，3ds max 不能转换 AutoCAD 的外部引用块（XREF）。但一般使用外部引用块便于我们修改，每次将外部引用块修改后，无需在主图形中重新定义，主图形中的同名图块就可自动更新。那么，是否有办法解决外部引用块不能转换到 3ds max 中的问题呢？有，我们在编辑完成后，执行 XREF 命令，并在其 External Reference 对话框中按 Bind 按钮，将外部引用块加入到主图形中，使其变为内部图块。这样，我们就可以将其转换到 3ds max 中了。

四、多角度审视

在形体构思的过程中，我们常常要对建筑形体进行多角度的审视。因为建筑是一个三维空间物体，我们必须从各个不同的角度对其进行研究，以寻求较优的建筑造型。

形体构思过程中的视角选择与最终的表现图的视角选择不同。前者着重全面地研究建筑形体各个不同角度的效果，而后者则着重选择最能表现建筑设计作品特色的视角。

也许有人说他要设计出从任何角度看都很美的建筑。我们先假设他真的成功了。即使如此，对这样美观的建筑，我们也不能保证选择任意角度制作出的电脑效果图都会是完美的。这就是说，电脑效果图真实表现建筑实际效果的能力是有限制的，特别是产生透视变形的时候，效果图往往会不真实了。可能有人说，视角的选择要模拟人站立的位置和观看建筑物的角度。其实这也不完全正确。在制作动画时当然可以，但对于静止的画面就不一定都合适。这是为什么呢？让我们来了解一下人眼的实际感受和电脑效果图的区别，就不难理解了。

我们在观看景物时是主动的、主观的、有意识的，始终会迅速地联想起以往记忆中的日常印象和生活经验。我们的眼睛与大脑相互影响和共同作用的结果，常使我们于不知不觉中对视觉信号很自然地进行理解、调整、补偿和修正。这种复杂的生理和心理现象，称为人眼视觉过程的调节和适应机能。

当我们观看在平面上结成的景物影像（如电脑效果图）时，在上述生理和心理现象的作用下，我们能根据各物体之影像间的透视关系和彼此的遮挡关系，在头脑中凭想象产生三维空间感。当我们在极近或极远处观看现实物体时，常常会不知不觉中对视觉信号进行调整和修正，从而获得正常的认识和理解。但如果我们选择这样一种视角来作效果图的时候，就会得到严重透视变形的图像。我们看到这样严重透视变形的图像常常会产生不舒适的感觉。但也不完全绝对，有时过度的透视变形反而会加强画面的表现力，并产生令人震撼的视觉效果。

在选择视角时，我们一般可取正面、背面、侧面、正偏左侧面、正偏右侧面、背偏左侧面、背偏右侧面、俯视、仰视等主要视角。对于这些主要的视角，我们也要根据环境的分析为它们确定一个重要程度的座次，使我们在迫于环境和功能要求的限制时决定取舍，以保证最主要视角的视觉效果。

对于必须研究建筑近距离视觉效果的情况，笔者的看法是，可以先去掉建筑物上部在近距离的视点处看不到的部分，再将视点向远处移动到不产生严重透视变形的地方进行分析。

再就是要靠建筑师富有艺术感和空间形象思维能力的头脑了。计算机是不能完全代替人的，因此，前面一再强调它只是一个辅助设计工具。我们在使用计算机的时候，可不要高估了它的能力。

在进行形体构思的过程中，我们开始可用 AutoCAD 的 VPOINT 命令显示建筑形体的轴测图，或用 DVIEW 命令显示建筑形体的透视图来进行分析，而不必每次修改设计都做效果图。

五、细部推敲

建筑形体确定后，我们就要考虑建筑的细部处理了。建筑的细部处理包括形体和材料两方面。这时，我们一般是将模型引入渲染软件中，制作出效果图来考虑，并同时将建筑平面进一步深化。

参 考 文 献

1 朱仁成等编著. 3DS MAX 4.0 室外效果图精彩实例创作通. 西安：西安电子科技大学出版社，2002

2 ［美］Dave Espinosa-Aguilar 等著. 3D Studio MAX 技术精粹（第 2 卷，高级建模与材质）. 黄心渊等译. 北京：清华大学出版社，1998

3 ［美］Ted Boardman, Jeremy Hubbell 著. 3D Studio MAX2 技术精粹（第 2 卷，建模与材质）. 李瑞芳等译. 北京：清华大学出版社，1999

4 张雷著. 电脑辅助建筑设计与表现技法. 北京：中国建筑工业出版社，1997

参考文献